数 据 要 素 丛 书

数据资产化实践
路径、技术与平台构建

华东江苏大数据交易中心 组编

机械工业出版社
CHINA MACHINE PRESS

图书在版编目（CIP）数据

数据资产化实践：路径、技术与平台构建 / 华东江苏大数据交易中心组编. -- 北京：机械工业出版社，2025.9. -- （数据要素丛书）. -- ISBN 978-7-111-78633-7

I. F272.7

中国国家版本馆 CIP 数据核字第 2025F682E9 号

机械工业出版社（北京市百万庄大街 22 号　邮政编码 100037）
策划编辑：孙海亮　　　　　　　　　责任编辑：孙海亮
责任校对：王　捷　张慧敏　景　飞　责任印制：刘　媛
三河市宏达印刷有限公司印刷
2025 年 9 月第 1 版第 1 次印刷
170mm×230mm・13.5 印张・1 插页・204 千字
标准书号：ISBN 978-7-111-78633-7
定价：79.00 元

电话服务　　　　　　　　　网络服务
客服电话：010-88361066　　机　工　官　网：www.cmpbook.com
　　　　　010-88379833　　机　工　官　博：weibo.com/cmp1952
　　　　　010-68326294　　金　书　网：www.golden-book.com
封底无防伪标均为盗版　机工教育服务网：www.cmpedu.com

创作委员会

（以下所有排名不分先后）

指导单位
工业和信息化部电子第五研究所
中国通信学会数据安全委员会
中国经济信息社数据资产运营研究中心

主创单位
华东江苏大数据交易中心
陕西省大数据集团有限公司
盐城市大数据集团有限公司
深圳国家金融科技测评中心有限公司
贵州数据宝网络科技有限公司
陕西丝路数据交易有限公司

专家团
汤寒林　丁红发　张鲁秀　杨建　郑峥　张瑾　赵丽芳

参编单位
工业和信息化部电子第五研究所
国家统计局西安统计研究院
西安财经大学统计学院
北京市社会科学院管理研究所
辽宁大学数字经济现代产业学院
北京交通大学新技术法学虚拟教研室

北京市科学技术研究院

中国经济信息社数据资产运营研究中心

广州市政务服务数据管理局

南京南数数据运筹科学研究院

江苏省扬州市数据局

黑龙江省佳木斯市数据局

中国通信学会数据安全专业委员会

盐城师范学院

上饶师范学院

讯飞智元信息科技有限公司

中国质量认证中心有限公司

中国移动通信集团云南有限公司昆明分公司

中国移动通信集团江苏有限公司盐城分公司

江苏华信资产评估有限公司

广西数据资产运营中心有限公司

江苏钟吾大数据发展集团有限公司

滨州数据发展有限公司

株洲国投智慧城市产业发展投资有限公司

天衡会计师事务所（特殊有限公司普通合伙）

退而思数据科技（重庆）有限公司

华智未来（重庆）科技有限公司

中央财经大学金融创新与风险管理研究中心

贵阳大数据交易所有限责任公司

湖北数据集团有限公司

江苏无锡大数据交易有限公司

无锡数据集团有限公司

徐州市大数据集团有限公司

杭州数据交易所有限公司

泰州市大数据发展有限公司

中电云计算技术有限公司
北京易华录信息技术股份有限公司
新华三信息安全技术有限公司
中通服咨询设计研究院有限公司
浙江浙里信征信有限公司
天道金科股份有限公司
信永中和会计师事务所（特殊普通合伙）
毕马威企业咨询（中国）有限公司
南京中新赛克科技有限责任公司
百望股份有限公司
白鸽在线（厦门）数字科技股份有限公司
南京城望投资管理有限公司
中联资产评估咨询（上海）有限公司
陕西致远互联软件有限公司
江苏现代资产投资管理顾问有限公司
泰和泰（上海）律师事务所
北京市炜衡律师事务所
北京市汉坤律师事务所
高颂数科（厦门）智能技术有限公司
杭州爱智善思医药科技有限公司
广州易德数据技术服务有限公司
上海同态信息技术有限责任公司
北京中金浩资产评估有限责任公司
北京大成（南京）律师事务所
北京万商天勤（杭州）律师事务所
江苏知链科技有限公司
海南璟荣律师事务所
嘉瑞国际资产评估有限公司
容诚会计师事务所（特殊普通合伙）

四川明炬律师事务所

德易元（石家庄）数据科技有限公司

上海数交数源信息技术有限公司

上海市光明（南京）律师事务所

江苏赛卓数智技术有限公司

神州融安数字科技（北京）有限公司

DAC全球数据资产理事会

广州市南沙区粤港澳标准化与质量发展促进会

上海锦天城（天津）律师事务所

网智天元科技集团股份有限公司

中兴财光华会计师事务所（特殊普通合伙）

北京炜衡（海南）律师事务所

同态信息科技（西安）有限公司

上海市光明律师事务所

泰和泰（南京）律师事务所

大公信（北京）资产评估有限公司

上海汉盛律师事务所

江苏法德东恒律师事务所

上海申浩律师事务所

北京恒诚信会计师事务所（特殊普通合伙）江苏分所

广东华商律师事务所

上海岚质数据科技有限公司

沈阳领郡云科技有限公司科学技术协会

江苏常武律师事务所

北京德恒律师事务所

厦门嘉学资产评估房地产估价有限公司

山西全联科技集团有限公司

深圳市同致诚资产评估土地房地产估价顾问有限公司

数据交易网

福建新世通律师事务所

华商希仕廷（福田）联营律师事务所
广东数联数据要素有限公司
南京奥特智慧数字科技有限公司
北京之合网络科技有限公司
中部知光（北京）资产评估有限公司
广东连越律师事务所
江苏守正耘创大数据科技有限公司
广东邦燊律师事务所
北京市京师（上海）律师事务所
北京立信数据资产评估有限公司
旺依顺数字产业（盐城）有限公司
北京盈科（沈阳）律师事务所
成都九鼎房地产土地资产评估有限公司
上海芯化和云数据科技有限公司
深圳市瑞联资信数据科技有限公司
大信会计师事务所（特殊普通合伙）
北京市君泽君（成都）律师事务所
杭州煜辰数智科技有限公司
南京永信联合会计师事务所（普通合伙）
南京星云数字技术有限公司
紫荆数谷（深圳）信息科技有限公司
北京市盈科律师事务所
北京谷安天下科技有限公司
北京市百宸律师事务所
浙江河马管家网络科技有限公司
北京中银律师事务所
上海上正恒泰（苏州）律师事务所
江苏琼宇仁方律师事务所
上海零数众合信息科技有限公司
中云智盟信息科技江苏有限公司

北京君顾科技有限公司
北京国帧科技有限公司
陕西糖云流水工业大数据有限公司
广东卓建律师事务所
苏州思萃区块链技术研究所有限公司
江苏荣泽信息科技股份有限公司
长沙星光数智科技有限公司
弈人（上海）科技有限公司
中审华会计师事务所（特殊普通合伙）
徽投科技控股有限公司
苏州清研浩远汽车科技有限公司
云南元易丰商贸有限公司
四川省同正地产房地产估价有限责任公司
江苏中坚汇律师事务所
上海九泽律师事务所
苏州数字力量教育科技有限公司
北京冠和权律师事务所
辽宁天勤房地产土地评估咨询有限责任公司
上海未界律师事务所
北京鼎世律师事务所
苏州西缇宸企业管理咨询有限公司
中数智创科技有限公司
北京市道可特（深圳）律师事务所
上海大邦律师事务所
上海小庋律师事务所
上海弘晟道缘律师事务所
广州海豚数据技术有限公司
泰安市东信智联信息科技有限公司
中天银（北京）资产评估有限公司

广州小蜜寻数数据服务有限公司

江苏天煦律师事务所

民航共享（北京）科技有限公司

杭州信雅达泛泰科技有限公司

江苏民慧数智科技股份有限公司

江苏人与屋数字科技有限公司

上海观初网络科技有限公司

杭州微风企科技有限公司

天职国际会计师事务所（特殊普通合伙）

龙船（北京）科技有限公司

山西数据港湾科技有限公司

山西瑞意达科技有限公司

参创人员

汤寒林	丁红发	张鲁秀	杨 建	郑 峥	赵丽芳	彭海林	姚晓蓉
田 婧	刘冠岐	包振山	黄起豹	陈锦回	张长缨	刘晶晶	喻彦青
庄 颂	张智超	王 锋	沙若男	王 牧	徐 浩	谭 坤	陈 萌
尤 磊	陈铭玉	杨淋雨	李天月	颜雷雷	倪红霞	尹 晨	陈旻蔚
刘瑜哲	丁 敏	卞明霞	蒋炜钥	刘雨轩	蔡静妹	程庆伟	高 湘
甄珊珊	季一新	穆帅先	任博忱	张 瑾	翟洪文	司成祥	刘 强
张海刚	史 奎	李 爽	罗 丰	李 露	张 培	郑丹丹	顾炜宇
李 彬	陈树广	刘 洋	陈胜利	姚树俊	岳 华	练世超	郑 飞
王吴越	王超毅	王 鹏	毕 娟	史亦言	黄 娟	于丹丽	张杭川
刘 益	周 祥	李 享	蒋立刚	祖国旺	李重宇	林建兴	曾子庆
林嘉靖	黄淑敏	施亚东	张 恒	张继娟	杨 珍	刘 伟	宁立君
张玉雪	韩 晟	徐 菲	白宇思	王宇斯	丁红霞	苏秋实	张兆智
郝碧波	卢宇涛	陈国华	罗 欣	彭晓燕	许丽虹	陈 飚	田学义
丁 逸	崔恩博	李 晖	邹 旺	谭 棋	张传文	朱若曦	陶世权
翁冠亮	刘 婷	胡雪晖	于帅成	戴蔚凌	毛卫民	丁高方	白大龙
康六一	王励行	马新明	任 月	郭润仙	王祥宇	赵 蓉	王雅萱

林爱平	程 烨	芮柏松	杜 杰	江 慧	徐 月	白洁星	谷贤贤
金震华	郑书康	李 燕	张 节	姚尚兵	王树平	鞠慧慧	金光炜
章 庆	许雯婷	郭天奇	曹 东	陈 明	张渝阳	李 珺	黄 颖
李 敏	范香林	苏怡婧	井 伟	杨 振	郭贺依	黄 煜	韩坤洁
柯 慧	张 昕	姚 兰	王一帆	张 婧	熊 倩	王 乐	王宇微
马维秋	李 凯	袁韶浦	罗 洁	孙 伟	杜志强	别文进	刘国栋
邢诒海	田振华	上官俊杰	林 琦	李 彬	李 强	乔有金	张京生
陈 波	胡 铁	陈文彬	程 龙	魏配配	穆 彪	李 枫	叶 超
李晓彬	范寨东	陈承正	陈 清	钱 红	陈 莉	林 楠	高珉珉
陶俊旺	吴学婷	施文铮	张超锦	向宽虎	奚 军	李 晟	韩 帆
林 戈	张 瑶	李 川	余 铮	刘琪琳	何 强	韩行舟	刘晓娟
陈 亭	罗海燕	荣嘉欣	邱媛春	黄 昊	左 昆	周炳含	李 昱
张坤烽	陈瑞勇	唐嘉成	李 响	叶 飞	李宗勇	周 杭	林 珍
谭好颜	何 刚	戴鸿微	吴建伟	侯瑞光	吉海清	蒋文娟	徐黎宏
岳顺利	李宁宁	王 磊	张 力	吴 波	王彩琴	吴秋云	陈 迪
卢 芳	张 东	高增涛	何广丰	陈家涵	庞理鹏	刘 卉	王 茜
蓝珍妮	施江南	吴华镇	王志超	张 尧	卢云川	李 可	钟 晓
王 剑	杨国忠	崔智宇	李文彬	董志威	刘涵之	王俊俊	柯昌勇
高凌云	李柯辰	钱 勇	周海蛟	徐保钰	王 权	王 彬	李 丹
张艳红	李华明	李 星	马成辉	吴广君	翁郁炜	王武成	江 略
杨 洋	丁 丹	陈立节	卞子文	刘 琦	孙 成	卢吕静	朱 健
吴小敏	齐 秦	宋 烨	屈文静	林泳欣	王婷婷	钱 伟	姚 岑
陈燕林	肖 君	陈雪宁	许立昕	吴欣悦	吴 玮	刘 军	刘文文
于 进	李婉芳	梁宏岩	姜志伟	丁 琛	谢雨辰	杜长亮	郅 音
戴莹瑾	郑斐戈	刘诗沁	田苏韦华	张洪飞	熊建辉	叶 冲	华轶琳
黄厚平	刘 芳	李 琳	铁金堂	王国辉	姜天奇	胡 棒	朱坤坤
黄丽君	魏宗果	胡频丽	乔学斌	乔振魁	梁 艳	范广龙	张志民
黄 焘	章晴雯	胡楚楚	杜忠平	路 普	李 丹	代晓晓	段 莉
韩剑波	方红胜	林王怡	王广庆	刘 涛	梁枫宁		

前　言

在 21 世纪的数字化洪流中，数据作为一种新兴的生产要素，正逐渐展现出无可估量的价值与深远的影响力。得益于大数据、云计算、人工智能等前沿技术的迅猛进步，数据的收集、存储、处理及分析效能实现了质的飞跃，数据资产化也因此成为驱动经济增长与社会发展的新动力源泉。

数据资产化不仅能够提升企业的经营效率，还能优化社会资源的配置，推动经济结构的转型升级。以大数据和人工智能为例，企业通过有效的数据管理能够在资源配置上做出更为合理的决策，避免资源的浪费。有效的数据资产化还能提高决策的科学性，使企业在瞬息万变的市场环境中更快地响应变化，从而获取竞争优势。此外，数据资产化还能促进创新。企业在挖掘数据价值的过程中，常常能发现新的商业模式和市场机会，为持续发展奠定基础。

尽管技术发展迅猛，但数据的共享与流通依然面临诸多挑战。其中，数据孤岛现象仍然普遍存在，许多企业在数据管理上缺乏有效的协作与交流，导致数据价值无法被充分挖掘。与此同时，隐私保护和数据安全问题日益突出，公众对个人数据的敏感性增加，使得企业在数据资产化过程中需要面临更多法律和伦理挑战。缺乏统一的数据标准和管理规范，也阻碍了数据的流通与共享。因此，推动数据市场化，构建高效的数据资产管理体系，成为当务之急。推动数据市场化，有必要提升各界对数据资产化的认知水平，帮助其更好地理解数据的内涵及其在经济活动中扮演的角色，推动达成对数据资产化重要性的共识。

本书开篇立足时代背景，全面剖析数据资产化的兴起背景与深远意义，同时对比国际视野下的实践案例与我国的独特路径。随后，书中深入分析了数据资产化的理论基础，为读者揭示数据资产化的关键环节，并在经济学、法律理论两个视角下对数据资产化进行解读。数据资产化生态图谱部分详细介绍了数据资产运营商、数据资源供给商、数据资源技术服务商、数据产品开发商和数据资产化服务商等关键角色，以及它们在数据资产化过程中的作用和贡献。书中还探讨了数据资产化的实现路径和相关技术，以及数据资产入表的意义、实施路径、难点和审计问题，以期为数据资产的财务管理提供指导。在上述内容的基础上，本书对数据资产交易与应用以及运营平台构建进行深入解读。之后通过25个数据资产化实践案例，对数据资产化在不同行业和领域中的实践，以及带来的连锁效应进行分析。最后，本书对数据资产化的远景进行了展望，并针对政策与法规环境的完善、技术创新与产业升级、市场机制与运营模式的探索提出了建议。

在本书编写过程中，我们力求做到内容准确、全面且具有前瞻性，希望能够为读者提供一个解读数据资产化的权威视角。由于编写时间仓促，加之数据资产化涉及多个学科的知识且其技术体系复杂，书中难免会出现一些错误或者不恰当的地方，恳请读者批评指正。

| 目 录 |

创作委员会
前言

第 1 章　数据资产化的意义　　001
1.1　数据资产化概述　　001
1.2　数据资产化的必要性　　007
1.3　数据资产化实践分析　　009
1.3.1　数据资产化的国际实践　　009
1.3.2　数据资产化的国内实践　　011
1.3.3　典型地区的数据资产化实践案例　　012

第 2 章　数据资产化的理论基础　　017
2.1　数据要素与数据资产化的联系　　017
2.2　数据资产化过程与机制框架　　018
2.3　经济学视角下的数据资产化　　021
2.4　法律理论视角下的数据资产化　　023

第 3 章　数据资产化生态图谱　　025
3.1　数据资产运营商　　026
3.2　数据资源供给商　　028

3.3 数据资源技术服务商 030
3.4 数据产品开发商 031
3.5 数据资产化服务商 033

第 4 章 数据资产化实现路径 035

4.1 数据资产化实现路径概述 035
4.2 数据资产化实现路径的评价标准 037
 4.2.1 数据评价与价值评估 037
 4.2.2 合规与管理 041
 4.2.3 数据资产质量评估指标 043
4.3 数据资产化战略指导 044
 4.3.1 政策支持与制度建设 044
 4.3.2 市场机制与流通交易 045

第 5 章 数据资产化技术解读 049

5.1 可资产化的数据分类 049
5.2 数据处理技术 050
5.3 数据治理与建模技术 052
 5.3.1 数据治理目标、过程及技术 052
 5.3.2 建模技术 057
5.4 数据价值评估技术 059
 5.4.1 数据资产价值评估服务 059
 5.4.2 数据资产价值评估方法 061

第 6 章 数据资产入表 064

6.1 数据资产入表的意义 064
6.2 数据资产入表的实施路径 066
 6.2.1 数据规划、盘点与确认 067
 6.2.2 数据质量评价 069

	6.2.3	数据合规	070
	6.2.4	数据资产安全评估	072
	6.2.5	数据资产价值评估	072
	6.2.6	数据资产确权登记	075
	6.2.7	经济利益测算与成本测算	076
	6.2.8	成本计量、摊销和减值	077
	6.2.9	列示及披露	080
6.3	数据资产入表的实施难点		083
6.4	数据资产入表审计		092
	6.4.1	数据资产入表审计的价值	092
	6.4.2	数据资产入表审计的路径	093
	6.4.3	数据资产入表审计的要点	096

第 7 章　数据资产交易与应用　099

7.1	数据资产交易现状		099
	7.1.1	政策导向	099
	7.1.2	数据资产交易分类	100
	7.1.3	国内数据资产交易所发展历程	102
	7.1.4	数据资产交易前景分析	105
7.2	数据资产交易流程		107
7.3	数据资产应用场景		109
	7.3.1	数据资产入表对应用场景的意义	109
	7.3.2	数据资产的具体应用场景	110
	7.3.3	数据资产的金融化应用场景	114

第 8 章　数据资产运营平台构建　116

8.1	数据资产运营的意义		116
	8.1.1	数据资产运营的发展历程	117
	8.1.2	数据资产运营的挑战	118

8.2 数据资产运营实施路线 … 120
    8.2.1 组织登记 … 120
    8.2.2 宣传推广 … 122
    8.2.3 服务保障 … 123
    8.2.4 治理优化 … 124
    8.2.5 价值评估 … 125
8.3 数据资产运营的4个目标 … 126
8.4 数据资产运营平台构建链路 … 128
8.5 数据资产运营平台构建 … 129
8.6 数据资产运营平台构建的保障措施 … 131
    8.6.1 数据资产质量评估 … 132
    8.6.2 数据资产安全管理 … 134
8.7 数据资产持续运营战略指导 … 137

第9章 25个数据资产化实践案例 … 140

9.1 陕西省文旅行业首单数据资产入表 … 140
9.2 四川省首单数据资产质押贷款 … 142
9.3 智慧医院数据资产运营模式探索 … 144
9.4 智能网联汽车事故分析与智驾保险 … 148
9.5 汽车大数据区块链交易平台 … 153
9.6 西安市雁塔城运集团数据资产入表 … 156
9.7 工业企业数智管理服务 … 158
9.8 婚信宝 … 162
9.9 蚝保宝 … 163
9.10 盛融宝 … 164
9.11 基于数据中台的数据资产建设实现数据要素价值 … 164
9.12 基于大数据平台的运营审计风控建设助力企业风险管理 … 168
9.13 钟吾大数据集团数据资产质押融资与数据交易 … 171

9.14	微言科技无质押数据资产增信贷款	174
9.15	南财"资讯通"数据资产入表融资	177
9.16	神州数码大中型数据资产入表质押融资	180
9.17	姜堰区企业用水行为分析数据集数据资产入表	183
9.18	百望数据资产化实践探索	185
9.19	数据资产（产品）融资授信案例	187
9.20	数据交易险案例	189
9.21	数据网络安全责任险案例	190
9.22	贵州勘设科技公司数据资产入表	191
9.23	个人数据信托案例	191
9.24	海新域城市更新集团数据资产入表	193
9.25	某科技制造企业数据合规专项服务	194

第10章 对数据资产化的建议和展望 195

10.1	政府侧针对性建议	196
10.2	企业侧针对性建议	197
10.3	对未来研究的展望	198

第 1 章
数据资产化的意义

本章主要介绍数据资产化的概念、意义和发展趋势。通过将数据从单纯的原料转变为具备市场价值的资源，数据资产化为经济活动注入了新的动能，推动了数字经济的发展。此外，本章还将讨论数据的法律、技术和经济属性，强调数据价值的挖掘与流通对产业升级、创新驱动和社会治理等方面的重要作用。同时，向读者提供数据资产化的实践案例。

1.1 数据资产化概述

数据资产化，作为数字经济时代中一个颠覆性且至关重要的概念，正深刻改变着企业的运营策略与市场价值的构成。这一进程不仅将数据从以往单纯的信息记录或处理工具的角色中解放出来，还通过一系列高度专业化、精细化的技术手段与管理策略，将数据正式确认为一种与传统有形资产（如土地、设备等）并驾齐驱的新型资产类别。

数据资产化的核心精髓在于将数据视为一种可量化、可交易、可高效管理的资源，通过一系列先进的技术手段，如数据整合、清洗、标准化和结构化处理，将原本零散、无序的数据转化为高质量、易于分析和应用的数据资源。这些经过精心处理的数据资源，不仅具备显著的经济价值，还因其可重复使用的特性，以及使用成本相对较低，展现出极高的复用价值。企业可以利用这些高质量的数据资源，通过深度开发和广泛应用，创造能够满足市场需求、提供经济价值的数据产品和服务，如数据分析报告、个性化推荐系统、预测模型等，进而实现数据的价值变现，推动数据经济的蓬勃发展。

同时，数据资产化要求企业构建一套全面、高效且完善的数据管理体系，该体系应涵盖数据的全生命周期管理，从数据采集、存储、处理、分析到应用、交易，以及数据资产的评估、计价、审计和报告等各个环节。这一体系的构建，不仅要求企业具备强大的数据处理和分析能力，以应对日益复杂的数据环境，还需要建立完善的数据治理机制，确保数据的准确性、完整性、一致性和保密性，为数据资产化提供坚实的制度保障。此外，企业还需注重数据文化的培育，增强全员的数据意识，提升全员的数据素养，鼓励创新思维和跨界合作，共同推动数据价值的深度挖掘和广泛应用。通过数据资产化，企业能够更准确地把握市场机遇，提升竞争力，实现可持续发展。同时，数据资产化也为整个社会的数字化转型和经济发展注入了新的活力，推动了数字经济与实体经济的深度融合，开启经济发展的新篇章。

1. 数据资产化的内涵

数据资产化是将数据视为一种具有经济价值的资产，并通过有效管理和利用，实现其价值最大化的过程。这包括数据收集、整理、清洗、分析、挖掘和整合等环节，旨在将数据转化为能够为企业和社会带来经济利益的数据产品或服务。

数据资源化：对原始数据进行收集、整理和清洗，将其转化为可利用的数据资源。这是数据资产化的基础阶段，相当于对数据进行初步加工和处理，以便后续开发和利用。

资源产品化：将数据资源转化为具有特定功能和价值的产品或服务。这是数据资产化的核心阶段，通过将数据与具体业务场景融合，实现数据的潜在价值。

产品价值化：通过数据产品交易、流通等方式，实现数据价值的转化和增值。这是数据资产化的最终阶段，通过市场机制，实现数据资产的经济价值。

2. 数据资产化的背景

近年来，随着新一轮科技革命和产业变革的深入发展，数据作为关键生产要素的价值日益凸显。在数字经济时代，数据已成为我们最宝贵的资源之一，不仅关系到企业的竞争力，还是国家战略的重要组成部分。数据要素资产化，即将庞大的数据资源转化为资产，并进行有效管理和利用，挖掘数据资产所蕴含或可带来的商业价值，已成为政府、企业和社会多方关注的焦点。

自 2014 年大数据首次被写入国务院政府工作报告以来，数据要素市场的发展经历了起步、酝酿、要素地位确立以及加快数据要素市场化建设等阶段。特别是 2022 年《关于构建数据基础制度更好发挥数据要素作用的意见》(简称"数据二十条")的出台，具有里程碑意义。该政策从国家层面对数据要素进行全面制度设计，推动数据资源向数据资产转变，为数字经济的高质量发展提供了坚实的制度保障。

在"数据二十条"的基础上，国家数据局、财政部等相关部门持续推动数据资产化的进程。2024 年 1 月 1 日，财政部印发的《企业数据资源相关会计处理暂行规定》正式生效实施，标志着数据资产入表核算和资产化管理迈出了重要一步。该规定鼓励企业核算"数据资产"，并规范了相关会计处理和信息披露，为数据资产化提供了制度基础。

此外，国家数据局还发布了《"数据要素×"三年行动计划（2024—2026 年)》，进一步明确了数据要素在各环节中的乘数作用，并提出了工业制造、现代农业、商贸物流、交通运输、金融服务、科技创新等 12 个重点应用行业。该行动计划旨在推动满足资产确认条件的数据资源计入资产负债表作为无形资产或存货，从而加快数据资产化的步伐。

展望未来，数据资产化仍面临诸多挑战，如数据基础设施环境欠缺、各方认知与建设动力不足等。然而，在政策扶持、新兴技术发展以及数据安全和隐私保护意识增强的多重驱动下，数据资产化将日趋完善，向良性循环与应用演进，为数字经济的发展提供强大动力。

3. 数据资产化的重要性

在数字经济蓬勃发展的当下，数据资产化已成为推动经济社会发展的新引擎。深刻认识到数据要素资产化的重要性，不仅关乎数据资源的有效配置和利用，还是推动数字化转型、提升经济效率的关键所在。

数据资产化是数字经济时代的重要趋势。随着大数据技术的飞速进步和广泛应用，数据已成为企业和社会的重要资产。将数据从原始状态转化为有价值的资源，并通过资产化的方式实现经济价值，是提升数据利用效率、挖掘数据潜力的有效途径。通过数据资产化，企业可以更好地管理和利用数据资源，提升数据质量，确保数据的真实性、完整性和可靠性，进而为决策提供有力支持。

数据资产化对于推动数字化转型具有重要意义。在数字化转型的过程中，数据作为核心要素，其资产化程度的提升将直接影响转型的成效。通过数据资产化，企业可以将数据转化为可量化的资产，实现数据的商业化和市场化，从而推动业务的数字化升级和创新。这不仅有助于提升企业的竞争力，还能为数字经济的发展注入新的活力。

此外，数据资产化也是提升经济效率的重要手段。在数字经济时代，数据已成为驱动经济增长的重要力量。通过数据资产化，企业可以更加精准地把握市场需求和消费者行为，优化资源配置，提升生产效率。同时，数据资产化还能促进数据资源的共享和流通，打破数据孤岛，实现数据的互联互通和协同应用，从而推动整个经济体系的协同发展。

4. 数据资产化的挑战与机遇

在数据资产化的过程中，我们面临着数据质量、数据安全与隐私保护、数据标准化与互操作性等核心挑战。数据质量直接决定了数据资产的价值，而数据安全与隐私保护则是数据流通与交易的前提。此外，不同数据源和数据格式之间的互操作性问题，限制了数据的共享和流通，影响了数据要素市场的活跃度。这些挑战要求我们不断创新技术手段，完善法律法规，加强行业自律，以构建安全、高效、可信赖的数据要素市场。

尽管挑战重重，但数据资产化所带来的机遇同样巨大。首先，数据作为一种新型生产要素，对其价值的挖掘和利用将推动经济的高质量发展。通过数据驱动的创新，我们可以优化资源配置，提高生产效率，降低运营成本，从而增强企业的竞争力。其次，数据资产化将促进新的商业模式和合作关系的形成，推动产业链上下游企业的紧密合作与协同创新。这将有助于构建更加开放、包容、协同的数字生态，为数字经济的发展注入新的活力。

5. 数据资产化的实践与路径

在数字经济蓬勃发展的今天，数据已成为驱动社会进步和产业升级的关键要素。华东江苏大数据交易中心作为区域性的数据交易枢纽，深知数据资产化的重要性和紧迫性。数据资产化不仅是一个技术性的过程，更是一个涉及法律、经济、技术和社会等多方面的复杂系统工程。

数据是基于二进制、以比特为最小单位且具有相对固定形式的信息。这一定义从数据的技术属性（即信息的存储介质）和数据的信息属性（即数据的可用内容）两方面界定了数据的概念，将"数据"与"信息"这两个概念融合，避免了只强调数据的技术属性而忽视其价值内涵或仅讨论数据的信息属性而过度延展"数据"概念的问题。

2014年，我国财政部修正的《企业会计准则——基本准则》对资产做出定义："资产是指企业过去的交易或者事项形成的、由企业拥有或者控制的、预期会给企业带来经济利益的资源。"

数据作为一种新的能促进生产与交换的重要信息资源，已经成为企业资产必不可少的组成部分。作为可以在市场上流通的资源，数据的成本和价值应能够准确计量，即数据资产化是数据融入当代经济发展的直接体现。

数据资产化的流程涉及多个关键步骤，包括数据资产登记（包括核验）、数据资产质量评估以及数据资产价值评估。

数据资产登记活动通过特定的登记平台进行，由数据供给方在登记制度声明、公示和见证的指引下完成，目的是将企业持有的数据资产在全社会范围内进行机构受理。数据资产核验是将数据资源转化为数据资产的必要步骤，涉及检查数据来源的合法性、数据的真实性以及是否存在重复登记情况。核验过程可以结合大数据技术和人工查验两种方式，并可能由第三方核验服务机构执行，以确保核验的客观性和公正性。

数据资产质量评估旨在考查数据在特定条件下的特性能否满足应用要求。质量是数据资产价值的重要影响因素。质量评估的目的是通过评估方法和标准来考查数据质量，发现潜在的质量缺陷，为质量达标和价值提升提供参考。

数据资产价值评估旨在通过评估方案和技术来测算数据的价值。评估方法包括成本法、收益法和市场法等无形资产评估实践中常用的方法及其衍生方法。数据资产的价值属性高度依赖具体的应用场景，评估目的包括交易转移、授权许可、会计要求、侵权损失、并购估价和法律要求等。

在将数据资源转化为数据资产后，还需经过数据市场化流程，将数据资产转化为可流通和可交易的数据产品。数据产品是数据资产经过进一步加工、组合、开发后形成的可对外销售的产品或服务，能通过多次流转与共享，充分释放数据的经济价值。从原始数据到数据产品的整个过程构成了数据价值链，而数据资产化在这一过程中发挥了至关重要的承前启后作用。

1.2 数据资产化的必要性

数据资产化在组织机构层面和企业经营层面具有重要意义。从组织机构层面讲，数据资产化有助于明确数据的权属和责任，确保数据的合法性和真实性，从而提升数据管理的规范性和透明度。在企业经营层面，数据资产化使企业能够更有效地评估和管理数据资产的价值，优化资源配置，提高决策的科学性和精准性。

1. 组织机构层面

近年来，为推动数据要素市场化配置和数据资产化进程，政府从组织机构层面进行了多方面布局，形成了自上而下的推动机制。这种机制涵盖国家级机构的战略规划与地方政府的实践探索，体现了系统性与地方特色的结合。

国家数据局作为核心机构，重点制定与数据产权、流通交易、安全治理等相关的基础制度，规范公共数据资源管理，推动数据要素的市场化配置改革。地方政府则根据区域特点，探索差异化路径。例如，广东省构建以粤港澳大湾区为核心的数据要素流通体系，推动跨境数据流通试点，完善数据交易所的运营机制，提升区域数字经济竞争力；浙江省建立"数字经济先行示范区"，推出数据确权和评估机制，支持企业和公共机构在工业、医疗、金融等领域开展数据资产化应用；北京市以"两区"政策为契机，发展国际数据服务中心，探索数据跨境传输的安全认证和国际化服务标准。同时，行业协会和数据交易平台积极协同，完善标准化体系并促进数据流通，构建起服务全国的数字经济支撑体系。

通过国家数据局的统一规划和地方政府的差异化探索，数据资产化已逐步形成自上而下的多层次体系，为未来数字经济的发展奠定了坚实基础，体现了政府在推动数字经济健康发展、加强数据治理及保障数据安全等方面的决心。此外，还有其他相关政策和指导方针正在不断推出，以支持数据要素市场的进一步发展和完善。

2. 企业经营层面

随着大数据、人工智能等新兴技术的发展，利用数据分析来辅助决策已经成为现代企业管理不可或缺的一部分。通过对海量信息进行收集整理并加以科学分析，企业可以获得更加精准的市场洞察力，从而做出更加明智的选择。比如，基于用户行为数据优化营销策略，或利用预测模型提前预判潜在风险点，这些都是技术赋能背景下实现精细化管理的有效手段。

然而，在企业经营层面，数据资产化的引入是另一个至关重要的战略方向。数据作为企业的一项重要资产，如果能够通过数据资产化进行管理和交易，将为企业带来诸多独特的经营优势。

首先，数据资产化能够盘活企业的数据资源，提升其使用效率。企业积累的大量数据，通过数据资产化后，不仅能提高数据价值，还能形成新的盈利模式。例如，企业可以对内部数据进行授权使用、出租或出售，从而带来额外的收入流。这对于传统产业而言，能带来巨大的利润增长潜力。

其次，随着数据市场的快速发展，企业将成为第一波受益者。数据逐渐成为数字经济中的关键生产要素，市场对于数据的需求也日益增长。企业通过资产化的方式将数据转化为可交易的资产，不仅能够获得直接的经济回报，还能够在竞争中占据有利位置。例如，金融机构、医疗企业、互联网公司等都可以通过销售或交换数据，在开放的数据交易市场中获得额外的经济收益和竞争优势。

再次，数据资产化还能够提升企业的创新能力和市场竞争力。企业可以通过对数据进行整合、分析与创新，打造新的产品和服务，甚至形成新的商业模式。与此同时，数据资产化也使得企业能够有效应对市场的变化。通过持续监测和评估数据资产状况，企业可以快速响应市场变化，做出更有针对性和灵活性的战略调整。

最后，数据资产化还能够在企业内部推动管理模式的优化。通过建立数据资产的管理体系和价值评估机制，企业不仅可以提高数据资源的使用效率，还可以促进数据共享与协同创新，提高企业的整体运营效益。

1.3 数据资产化实践分析

数据资产化这一趋势正以空前的速度在全球铺开，成为经济增长、产业升级和社会进步的新动力。各国家和地区在数据资产化实践方面有不同的侧重点，呈现出地区差异。国际企业积极探索数据资产化实践的时间较早，大型科技公司通过建立数据平台和市场，实现数据共享和交易，数据资产化的实践案例非常丰富。

1.3.1 数据资产化的国际实践

数据资产化作为数字经济时代的关键趋势，正以前所未有的速度在全球范围内铺开，成为经济增长的新模式、产业升级的新路径以及社会进步的新动力。这一趋势不仅反映了数据作为新时代"石油"的战略地位，也彰显了全球范围内对数据价值深度挖掘和利用的迫切需求。

在美国，数据资产化的浪潮得到了政府与企业的积极响应。美国政府通过一系列政策创新，如推动数据共享与开放政策，不仅促进了公共数据的有效利用，还激发了私营部门在数据创新方面的活力。这些政策不仅提升了数据资源的透明度，还激发了数据驱动的创新和创业活动。同时，美国的数据交易市场日益成熟，覆盖了金融、医疗、教育等多个关键行业，为数据的合法、高效流通提供了坚实的平台支持。这些市场的活跃，不仅促进了数据的价值实现，还推动了数据科学和人工智能技术的快速发展。

欧洲在数据资产化方面同样取得了显著成就。欧盟通过实施《通用数据保护条例》（GDPR），不仅强化了个人隐私保护，还构建了数据合法流通的框架，为数据经济的发展奠定了坚实的法律基础。GDPR 的实施，不仅提升了欧洲数据市场的规范性，还促进了数据主权概念的普及，鼓励各成员国及其企业加强数据资源的自主管理，推动数据经济的健康发展。此外，欧洲还积极推动数据共享平台和数据市场的建设，为数据资产化提供了更加广阔的空间。

在亚洲，政府数据开放相对较晚。以日本为例，日本政府开始重视数据开放的重要作用是在 2011 年的"3·11"地震灾害之后，但其仍在数据资产及其管理等方面走在了亚洲各国的前面。与欧美的国家不同，日本的大数据政策采取以应用开发为主的务实战略，尤其在农业、医疗、交通、能源等传统行业中，大数据应用取得了众多成果。

新加坡在 2006 年推出了"智能城市 2015"发展蓝图，并于 2014 年将该发展蓝图升级为"智慧国家 2025"计划。在该计划中，大数据占据重要位置，大数据的收集、处理和分析应用，将成为新加坡大数据治国的重要组成部分。

在指导性和规范性文件方面，日本有《开放数据基本指南》，新加坡有《个人数据保护法令》等。相较于北美洲、欧洲和大洋洲各国完善的政策法规以及成体系的数据资产评估与管理标准，日本和新加坡仍显得稍有不足。但是，亚洲的优势在于极为注重数据资产带来的社会效益，在创新应用开发上有更多优势。

除了政府层面的积极推动，许多国际企业也在积极探索数据资产化的实践。大型科技公司通过建立数据平台和数据市场，实现了数据的共享和交易，为数据资产化提供了强有力的技术支撑和市场机制。同时，金融机构也开始将数据作为重要资产进行管理和运营，通过数据分析和挖掘，提高了风险管理和客户服务的水平，推动了金融行业的数字化转型。

展望未来，随着大数据、人工智能等技术的不断进步，以及全球范围内数据政策的不断完善，数据资产化将成为推动数字经济发展的重要力量。各国政府和企业将继续深化合作，共同探索数据资产化的新模式和新路径，为全球经济增长和社会进步注入新的活力与动力。在这一进程中，加强数据治理、保护个人隐私、促进数据流通与共享将成为关键议题，需要全球各方共同努力，共同构建开放、包容、安全、可信的数据市场环境。

1.3.2 数据资产化的国内实践

中国将数据视为新的生产要素，并为此出台了一系列政策文件，以推动数据要素资产化进程，其中包括国家数据局等 17 部门联合印发的《"数据要素 ×"三年行动计划（2024—2026 年）》，旨在促进数据在多场景下的应用，提升资源配置效率，催生新产业与新模式，并培育、发展新动能。同时，中国正逐步构建涵盖数据产权、流通、收益分配及安全治理等方面的制度框架。例如，财政部发布的《企业数据资源相关会计处理暂行规定》，标志着数据已从自然资源范畴迈入经济资产的新领域。

同时，中国企业在数据资产化领域也取得了显著的实质性进展，这些进展不仅体现了数据已成为新的经济发展要素，也预示着企业经营管理模式将产生深刻变革。随着数据被视为驱动业务增长和创新的关键资源，越来越多的中国企业开始积极地将数据资源纳入其资产负债表中，以此方式来更准确地反映数据的经济价值和对企业发展的贡献。

截至 2024 年上半年，已有 52 家上市企业成功开展了数据资产入表的工作，这一数字不仅彰显了企业界对数据资产化的高度认可与实践热情，也标志着中国数据市场逐步走向成熟。这些企业通过数据资产化，不仅提升了自身在资本市场中的透明度，也为投资者提供了评估企业价值的新视角。数据显示，这 52 家上市企业的数据资产入表金额累计达到了 13.89 亿元，这一数据不仅是对数据经济价值的具体量化，更是对未来数据驱动型经济增长潜力的有力证明。

这一系列积极进展不仅是中国企业在数据资产管理方面的一次重要突破，也为全球范围内的数据资产化发展提供了有益参考和借鉴，预示着数据作为新型生产要素，在推动经济高质量发展方面将发挥越来越重要的作用。

1.3.3 典型地区的数据资产化实践案例

1. 欧盟的数据中介模式

在欧洲，对数据自由流动的担忧，尤其是对互联网安全、基本权利保障及数据保护等方面的顾虑，一直影响着企业与消费者对数据共享的信心。为此，欧盟于 2022 年 5 月发布了关键性文件——《数据治理法案》（DGA），旨在通过引入"数据中介"机制，以市场化运营模式促进公共数据的可信共享与流通。该法案明确界定了"数据中介"服务的范畴，并特别排除了美国式的"数据经纪"（Data Broker）模式，即不允许数据中介从数据持有者处获取数据后进行实质性增值处理，再许可数据使用者来使用，同时不建立数据持有者与数据使用者之间的商业关系。此举旨在避免大型科技平台通过控制大量数据而垄断市场。

欧盟所倡导的"数据中介"服务，是通过技术、法律或其他手段，在数量不定的数据主体、数据持有者与数据使用者之间建立数据分享的商业关系。这些服务包括在数据市场中提供可信交易平台，以及协调面向所有相关方开放的数据共享生态系统，如欧洲公共数据空间。重要的是，数据中介服务提供者必须保持独立于供需双方的关系，仅承担中介的角色，不得将交换的数据用于其他任何目的。此外，欧盟政府将对数据中介服务进行监管和认证，并颁发"数据中介服务"通用认可标识，建立全欧盟通行的标识认证体系。

在欧盟范围内，国家通常采用可信交易平台作为数据中介，这些平台通过匹配数据供给方与需求方，为双方提供高透明度的交易场所。法国的 DAWEX 是数据中介领域的代表性平台，它专注于数据的货币化与再利用，而不涉及数据的直接买卖。DAWEX 的产品涵盖了数据管理和业务模式、数据产品的发布与发现、定价与许可，以及可控数据交易等多个方面。此外，DAWEX 还向其他数据中介提供技术支持，并推动企业间的数据共享，如与欧盟开放数据研究所共同推出的"数据场"项目，旨在鼓励企业共享业务数据，以开发新的服务和解决方案。同时，一些大型企业也开始扮演数据中介的角色，如德国电信的数据智能中心建立了一个数据市场，使企业能够安全地提供、管理优质数据并从中获益。

欧盟还推动了开放数据共享生态系统的建设，即"共同数据空间"，以实现跨行业和跨领域的数据交换与共享。这一系统不同于传统的集中式数据处理方法，它依赖数据主体、数据持有人与数据用户间的协作研发和建设。在此基础上，欧盟发起了"国际数据空间"（IDS），参与各方通过 IDS 连接器组件自助连接数据的供应与需求两端，数据空间运营商在数据交易中仅扮演监督和记录元数据的角色，确保交易遵循既定规则。IDS 具有四大特征：实现了包括十大领域在内的数据空间互联互通；建立了相互信任的生态系统；为数据所有者提供工具以行使其数据权利；为数据共享和交换创建了公正的环境，赋予个人和中小型企业数据控制权，在激励创新的同时打破大型数据平台的垄断。这一模式在保护数据要素权利的同时，也保障了数据的自由流通，促进了数据经济的增长和创新发展，为公平竞争创造了有利条件。

2. 美国的数据经纪商模式

美国的数据交易模式已从集中式市场交易方式逐渐演变为以数据经纪为核心的交易方式。传统的数据交易平台，如 Microsoft Azure DataMarket，在运营 7 年后于 2017 年 3 月终止服务，其他平台也转向提供与数据技术相关的服务。如今，数据经纪商成为美国数据交易的主流模式，它们通过各种途径搜集包括消费者数据在内的各类信息，并出于验证身份、区分记录、产品营销和预防金融诈骗等目的进行数据转售。

数据经纪商通过整合、处理、分析多种用户数据，构建了详尽的消费者画像、身份认证和特定的个人信息数据集，以供购买者用于精确营销、管理风险及了解竞争对手状况。这些数据的采集渠道多样，包括政府开放的数据平台、信用卡公司等机构、网页爬取以及其他线下资源。美国 Acxiom、Corelogic、Datalogix、eBureau 等已成为知名的数据经纪机构。例如，Acxiom 的数据库汇聚了来自全球各地近 7 亿用户的个人信息，几乎囊括了每一位在美国的用户；Corelogic 则专注于向企业和政府机构提供全面的财产、消费和金融信息数据及分析服务；Datalogix 在为商业机构提供用户交易信息方面领先；eBureau 则凭借数以亿计的用户消费记录，为营销商、金融公司、在线零售商及其他商业实体提供预测评级和数据分析服务。

数据经纪商的兴起虽然促进了数据市场的繁荣，但也带来了数据泄露和消费者权益受损的风险。为了应对这些问题，美国在联邦级别推出了《数据经纪商有责与透明法案》及后续的《数据经纪商名单法案》。在地方层面，佛蒙特州和加利福尼亚州已经实施了监管数据经纪商的法律，而特拉华州、马萨诸塞州和俄勒冈州也正在考虑类似的立法。这些法律加强了对数据经纪商的监管，要求它们提高业务透明度，增强数据安全的责任，禁止为非法目的收集数据，并确保个人能够知情并控制自己的信息。

3. 韩国的 MyData 模式

在韩国，MyData 模式已在金融、征信和公共事业等多个领域得到广泛应用。自 2018 年韩国政府发布《金融领域 MyData 产业导入方案》以来，截至 2021 年，已有 28 家机构获得 MyData 正式许可。2021 年 8 月，韩国全面实施 MyData 模式。这一模式主要由政府主导，通过牌照准入制度审核和授权 MyData 运营商，并建立相应的服务平台。个人用户可以通过授权使用自己的数据来获得收入分成。

MyData 模式的核心在于"明示同意"，即在鼓励并规范数据商用的同时，强调保护个人的数据主权和隐私。这体现在以下几个方面：首先，所有 MyData 服务都需要征得用户的明确同意，并且用户可以随时撤回他们共享数据的许可；其次，数据如何被收集、存储、处理和利用必须对用户完全透明；再次，用户有权访问和控制自己的个人数据，包括请求更正或删除信息；最后，MyData 服务提供商必须遵循严格的数据安全和隐私保护标准。

在韩国，MyData 服务主要有以下几种商业模式：一是向运营商定期传输数据并收费，即数据源根据用户的要求，通过标准 API 将数据传输给 MyData 运营商；二是 IT 服务费，即部分大型数据源需要专业的 IT 公司为其提供数据标准收集和传输服务，因此需支付服务费，而小型数据源可以通过政府准许的中介机构进行数据传输；三是用户服务费，即用户使用 MyData 运营商提供的个人信息查看、管理和授权等服务时，需要按次或按月缴纳服务费；四是数据使用方为获取客户使用经过 MyData 运营商整合后的数据，以为客户提供更合适、精准的服务，并根据情况决定是否向客户收取相应的服务费。

MyData 模式基于对个人数据的整合以及个人数据与公共数据的结合，为个人提供多方面的数据服务，并预想构建基于个人数据的数据管理生态系统。在这个生态系统中，来自个人的医疗、金融、消费、交通、服务贸易、能源、公共服务等多个领域、多个方面的数据均可被收集使用，涉及公民个人生活的全方位数据汇集和管理。

MyData 模式也面临着个人信息保护和隐私保护的问题。由于数据具有可复制性，信息泄露所带来的后果是不可逆的，因此保证数据安全是 MyData 模式推行的基础。MyData 的数据生命周期包括数据的收集、使用、转移、保存和处置，每一个环节都存在数据泄露的风险。因此，MyData 模式的隐私保护需要关注数据生命周期的每一个阶段，并在每个阶段都设置必要的保护措施。有韩国学者基于欧洲 PSD2 的实施对 MyData 的隐私保护提出了建议，认为需要保障信息主体的权威性、引入有效的同意制度、提高信息传输的安全性以及加强私人数据处理者的责任义务。

实践小贴士：研究相关政策是快速识别企业数据资源的重要前提

我国对数据要素的使用仍然处于探索阶段，政策的更新直接影响数据资源的识别和应用。在全球范围内，对数据要素的治理和应用仍缺乏广泛认同的国际规则。因此，在进行数据资源管理实践的过程中，各地需要基于自身情况，大胆实践，为数据资源管理提供新方案。例如，北京市市场监督管理局批准成立北京市数据标准化技术委员会，并发布了首批数据流通交易领域的地方标准，包括《数据交易通用指南》《数据交易服务指南》等；浙江省通过"顶层设计＋试点落地"的模式推动公共数据授权运营，发布了《浙江省公共数据授权运营管理办法（试行）》《浙江省数据资产确认工作指南》等。企业在进行数据资源识别及应用的过程中，需要结合当地的相关标准和管理要求，做好自身数据资源的盘点和利用。

第 2 章
数据资产化的理论基础

亚马逊首席科学家 Weigend 提到，数据类似原油。原油需要提炼后才能使用，而数据资产化如同原油提炼的过程，是将数据转化为具备经济和社会价值的数据资源的过程。数据要素的有效管理和应用是推动数据资产化的基础，而数据资产化又能进一步提升数据的市场价值，形成相互促进的循环。

本章将介绍数据资产化的过程与机制框架。数据资产化的经济学视角强调数据作为新型生产要素的可复用性、规模经济性和网络效应，并探讨了数据的资本化和市场化路径。此外，法律视角下的数据资产化强调数据的合法性、权利归属、保护机制和交易框架，尤其是数据隐私和安全法规的出台，为数据的有效流通和交易提供了法律保障。整体而言，本章阐明了数据要素与数据资产化的理论框架及其在推动企业竞争力和社会治理中的关键作用。

2.1 数据要素与数据资产化的联系

数据要素是指以电子形式存在的、通过计算方式参与到生产经营活动并发挥重要价值的数据资源。数据要素强调数据的流动性和可用性，体现了数据作为一种新型生产要素的重要性。数据资产化将数据视为一种资产，通过有效管理、分析和利用，最大化数据的经济价值和社会价值。这一过程通常涉及对数据进行整理、清洗、存储、共享和分析等操作，以确保数据能够在不同场景中产生价值。

- 数据要素促进数据资产化。数据要素为数据资产化提供了基础。只有在充分认识到数据的价值和作用后，企业才能采取有效的措施将数据转化为可利用的资产。数据的生成和采集为资产化提供了原材料，而存储和处理则是数据价值实现的关键步骤。对数据要素的高效管理和运用，有助于提升数据的质量和价值，从而推动数据资产化的进程。
- 数据资产化增强数据要素的价值。通过数据资产化，数据要素的潜在价值得以充分释放。企业通过分析和挖掘数据，能够识别出市场趋势、客户需求等重要信息，进而优化决策和战略。这种价值的提升不仅体现在经济收益上，还体现在企业市场竞争力上。因此，数据资产化的过程实际上是对数据要素价值的再创造和再定义。
- 相互促进的循环关系。数据要素与数据资产化之间形成了一种相互促进的循环关系。一方面，良好的数据要素管理能够促进数据资产的形成和增值；另一方面，对数据资产的有效利用能够提升数据要素的质量和管理水平。这种循环关系使得企业能够在数字经济中不断提升数据的战略价值，实现可持续发展。

综上所述，数据要素与数据资产化的紧密联系揭示了数据在现代经济中的重要性。企业应认识到两者之间的互动关系，通过优化数据要素管理，推动数据资产化，以最大化发挥数据的价值，提高数据的利用效率。随着技术的进步和数据应用的深化，这一关系将更加显著，企业需要不断调整策略，以适应快速变化的市场环境。

2.2 数据资产化过程与机制框架

在数字经济时代，数据作为一种新型生产要素，其资产化过程日益受到重视。数据资产化的过程如图 2-1 所示。数据资产化不仅能够提升企业的运营效率和竞争力，还能为决策提供强有力的支持。

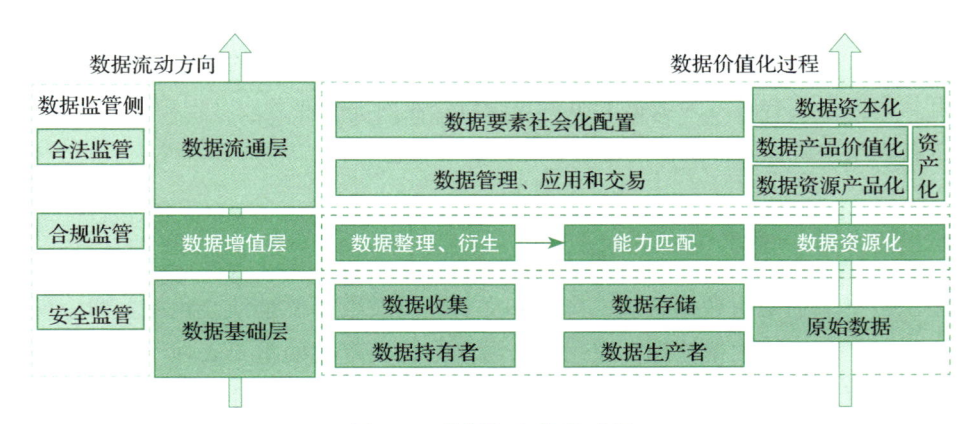

数据流动方向 ↑		数据价值化过程 ↑	
数据监管侧	数据流通层	数据要素社会化配置	数据资本化
合法监管		数据管理、应用和交易	数据产品价值化 / 数据资源产品化 / 资产化
合规监管	数据增值层	数据整理、衍生 → 能力匹配	数据资源化
安全监管	数据基础层	数据收集　　数据存储 数据持有者　数据生产者	原始数据

图 2-1　数据资产化的过程

基于不同职能，数据要素市场体系可细化为数据基础层、数据增值层、数据流通层和数据监管侧等。

1. 数据基础层

数据基础层涉及数据生产、收集和存储过程。数据生产是数据在市场体系中流动的起点，主要涉及数据的生产者和数据的持有者，参与主体包括个人、企业与政府等，通常进行主动或被动式的数据创造或生产作业，是原始数据的产出或持有方。数据收集对应数据搜寻与获取的过程。由于数据具有极易复制、传播、篡改等特征，需要对数据搜寻与获取的过程进行单独处理，以适配特殊的技术方案。数据存储对应数据汇聚、关联和更新的过程。相关方需要以成熟且低成本的技术实现足够量级的数据汇聚，并不断完善高效、安全的关联和更新作业，才能进一步分析、还原出数据本应具有的全貌，为数据科学、数字产业、数字经济提供源源不断的支撑。在这一层，数据由无序、混乱的状态逐步规整为有序的数据集合，数据质量、数据价值逐步得到提升。

2. 数据增值层

数据增值层对应数据从整理到能力匹配的过程。这一层的主要功能是对

019

接数据基础层，通过算法开发、资源配置、安全管控等措施，实现对数据的清洗、脱敏、加密、挖掘等工作。这一层要和对应的算力、资源、网络等能力配合工作。数据由基础层流到增值层，经过处理后数据的质量得到大幅提升，由数据集合转变为数据资源，开始与企业内部的业务或管理等需求对接，具备在组织层面发挥价值的基础，显现会计价值。

3. 数据流通层

数据流通层由数据管理、应用和交易，以及数据要素社会化配置两个模块组成。其中，数据管理、应用和交易是数据资产化的重要表现，对应数据通过流通交易给应用者或所有者带来经济利益的过程。通常伴随 API、数据库、数据报告及数据应用服务等各种可交易的数据产品与服务。此时，数据资源依靠交易中介在市场体系中发挥作用，形成在行业内不同组织间或跨领域产生价值的基础，开始转变为数据资产，显现交换价值。

数据要素社会化配置是数据资本化的重要表现，对应数据实现要素社会化配置的过程。此时，数据资产通过商业化运营开始逐渐变为数据资本，整个过程主要分为两个步骤。

第一步，基于在行业内不同组织间或跨领域的市场交易情况，不断完善数据产品或服务，提升数据资产在市场中的交换价值，使其具备对某领域未来发展赋予更大势能的作用。

第二步，对数据产品或服务进行资本化赋能，通过诸如信贷融资、证券化等形式，将数据资产转变为数据资本，显现资本价值。

4. 数据监管侧

当前，数据要素市场监管体系需要明确政府主管部门的"多元监管"角色。从组织的视角来看，政府相关部门能够联合数据要素市场体系中的关键参与者，共同履行监管、治理职能。通过上述方式，可以更有效地确保市场中流通的数据的完整性、一致性和真实性，更好地保证数据在采集过程中不被泄露，进一步加强对包括生产、治理、交换、应用等在内的整个数据处理过程的合法、合规、安全监管。

2.3 经济学视角下的数据资产化

数据资产化理论是在经济学视角下探讨数据如何被视为一种重要的经济资源。数据的价值体现在被创造、存储、分析和应用的全过程中。随着数字经济的迅猛发展，数据不仅被视为信息的载体，更被认为是一种新型的生产要素，具有可交易性和增值性。

1. 数据作为生产要素

在经济学中，传统的生产要素包括劳动力、资本和土地等，而数据作为新兴的生产要素，具有可复用性、规模经济性、网络效应三个特征。

- 可复用性：数据可以在不同的上下文中反复使用，创造新的经济价值。与物理型资产不同，数据的价值并不会因使用而减少，反而可能随着使用的深入而增加。
- 规模经济性：数据的生产和处理具有规模经济性。数据的价值往往随着数据量的增加而增加，企业通过收集和分析更多的数据，能够获得更深入的市场和客户行为洞察。
- 网络效应：数据的价值常常与其使用者的数量相关。随着用户的增多，数据的应用场景和价值也会不断增加，例如社交媒体平台利用用户数据来优化服务和广告投放。

2. 数据的价值创造机制

数据资产化的过程涉及多个经济学概念，包括价值创造、交易和资本化。数据的价值创造机制主要体现在以下几个方面。

- 信息不对称的消除：通过提供透明度，减少市场中的信息不对称情况，增强决策的准确性。例如，企业可以通过分析市场数据来了解消费者偏好，从而制定更加精准的营销策略。
- 效率提升：通过数据分析，企业能够优化生产流程和资源配置，降低成本，提高效率。数据驱动的决策可以帮助企业在复杂的市场环境中快速反应，提升竞争力。
- 创新驱动：数据不仅能够提升现有业务的效率，还能够催生新的商业模式和创新方式。例如，基于数据分析的个性化服务能够满足用户的特定需求，创造新的市场机会。

3. 数据的资本化与市场化

在经济学视角下，数据的资本化和市场化是实现数据价值的重要环节。数据资本化意味着将数据转化为可交易的资产，其关键在于如下几点。

- 数据价值评估：企业需要建立有效的数据评估模型，量化数据的价值。通过市场需求、数据质量和使用频率等指标，企业可以对其数据资产进行评估。
- 数据交易市场的建立：随着数据交易市场的兴起，数据资产化得以实现。企业可以通过数据交易平台，对闲置数据进行交易，从而实现数据的价值最大化。
- 法律与政策框架：要促进数据的合法流通和交易，建立健全的法律和政策框架至关重要，这包括制定与数据隐私保护、知识产权以及数据共享、交易等相关的法规。

从经济学的视角看，数据资产化不仅改变了生产要素的构成，还为企业创造了新的商业机会。数据作为新型生产要素，通过可复用性、规模经济性和网络效应等特征，推动了信息的透明化和决策的优化。同时，数据的资本化与市场化为企业提供了实现数据资产化的途径。未来，随着技术的进步和市场的变化，数据资产化理论将继续演化，并进一步推动经济发展。

2.4 法律理论视角下的数据资产化

在数字经济的背景下，数据资产化成为企业提升竞争力和创新能力的重要战略。法律视角下的数据资产化理论探讨了数据作为资产的合法性与权利归属、保护机制及其在市场中的交易规则。这一理论不仅为数据的有效管理提供了法律依据，也为数据资产的商业化和交易提供了可行路径。

- 数据的合法性与权利归属：首先，数据资产化的基础在于对数据的合法性的认定和权利归属的明确。在法律视角下，数据可以被视为一种财产，但其属性和价值取决于数据的生成、采集和使用方式。例如，用户在使用在线平台时所产生的数据，通常属于平台方，而用户对这些数据的控制权则受到一定限制。明确数据的所有权和使用权是实现数据资产化的前提，这涉及知识产权、合同及隐私权等多个法律领域。
- 数据保护机制：数据资产化的法律理论还强调了数据保护机制的重要性。随着数据隐私保护法律（如 GDPR）和数据安全法规的出台，企业在进行数据采集和使用时，必须遵循相关法律法规，确保用户的隐私权和数据安全。这不仅是法律的要求，也是维护企业信誉和用户信任的关键。有效的数据保护机制不仅保护用户权益，也为企业的数据资产化提供了法律保障，防止潜在的法律风险和经济损失。
- 数据交易的法律框架：随着数据市场的兴起，企业通过数据交易平台进行数据的买卖与共享，相关的法律法规逐渐成为关注的焦点。法律框架应涵盖数据交易的透明度、合规性和公正性，确保交易各方的权益得到应有保障。此外，数据交易合同的制定也需明确数据的使用范围、责任及风险分配，以降低交易风险。

从法律的角度来看，数据资产化理论为企业在数字经济中有效管理和利用数据提供了重要指导。明确数据的合法性和权利归属、建立健全的数据保护机制，以及完善数据交易的法律框架，都是影响数据资产化成功的关键因素。随着技术的不断发展和法律环境的变化，数据资产化的法律理论将不断演化，帮助企业在数字时代抓住数据带来的机遇，同时维护法律和道德的底线。

实践小贴士：如何理解要从经济和法律两个角度分析数据资产化？

首先，在实践中，需要在经济视角下认可数据的价值属性，当数据被认定为生产要素时，才能够发掘数据的价值。其次，从法律属性上来讲，数据因为最终与经济价值相关而具有财产性，在法律视角下对数据进行处理，是为了明确数据作为生产要素时产生的经济价值如何划分归属。目前数据的价值属性已经得到普遍认可，并且能够通过测算得到相对准确的数值，而数据的法律权属确认也能够通过合规性的程序得到确定。

第 3 章
数据资产化生态图谱

在数字经济时代，数据作为新型的生产要素，颠覆了传统生产要素的性质，成为形成新质生产力的重要资源。2024年被视为数据资产入表的"元年"，这一里程碑事件标志着一个崭新时代的开启。随着数据要素的价值愈发明显，我国的数据资产化产业生态已基本建立，形成了"国家级+区域性+行业性"多层次的数据交易体系，如图3-1所示。展望未来，我国的数据要素市场将更加活跃。一方面，金融、互联网、智能制造等领域对数据的需求将不断增加；另一方面，数据供应方也会不断增加。这将推动一个健康有序的数据要素市场的形成，数据资产化产业生态将持续发展壮大。

基于图3-1所示的生态，当前出现了五大类提供相关支持的服务商。本章将重点介绍这几类服务商。

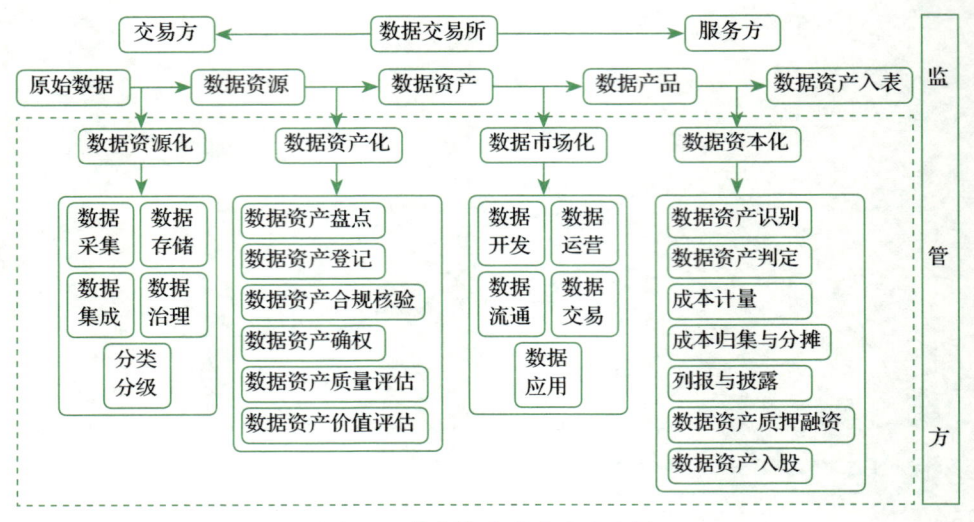

图 3-1 数据资产化产业生态图

3.1 数据资产运营商

数据资产运营商是指专门从事数据资产管理、运营和服务的公司。通过收集、处理、存储和分析数据，将数据转化为有价值的数据产品和服务，以满足不同客户的需求。这些公司主要为数据交易所、数据资产运营公司、数据经纪商等，数据资产运营商的核心业务包括数据采集、数据处理、数据存储、数据管理、数据分析、数据可视化以及数据智能化应用等，如图3-2所示。

数据资产运营商的出现，为企业提供了将"沉睡数据"转化为经济价值的途径。在传统的企业经营中，大量数据往往被视为无形的副产品，未能得到充分利用。数据资产运营商通过对这些数据进行专业化处理，帮助企业将其转化为可量化的资产。例如，通过对企业内部的交易数据、用户行为数据或生产过程数据进行清洗和分析，数据资产运营商能够生成标准化的产品，进一步将数据资产用于授权、交易或开发新的增值服务。这样的转化不仅提升了数据的利用率，还显著增加了企业的潜在收入来源。

图 3-2　数据资产运营商的部分职能

此外，数据资产运营商在数据要素市场化配置中扮演着关键角色。随着数据被正式纳入生产要素范畴，数据交易市场正在迅速发展壮大，成为数字经济的重要组成部分。数据资产运营商能够通过构建和维护数据交易平台，促进数据的流通与共享。这些平台不仅连接了数据供需双方，还通过确权、定价与合规审查，为数据交易提供了安全和信任保障。在这个过程中，数据资产运营商推动了市场的规范化，同时也让早期进入这一领域的企业享受政策红利，成为首批受益者。

数据资产运营商的业务价值还体现在推动产业数字化转型上。通过对特定行业数据资源的深度挖掘与应用，数据资产运营商为企业提供了精准的决策支持和创新的商业模式。例如，制造业企业可以借助运营商提供的设备监测数据优化生产流程；金融机构通过大规模数据分析降低风险并提升客户服务水平；医疗机构则利用运营商的健康数据整合能力，开发个性化诊疗方案。数据资产运营商的介入，使传统产业能以较低成本实现数字化升级，并在竞争中保持领先地位。

同时，数据资产运营商通过提供专业化的服务降低了企业获取数据价值的技术门槛。在一些中小企业因缺乏技术能力和资源而无法自主处理复杂数据的情况下，数据资产运营商成为重要的外部支持。以订阅式的数据即服务

（DaaS）模式为例，企业可以根据实际需求付费获取实时数据流或定制化数据分析结果，而无须额外投资硬件设施或技术团队。这样的商业模式不仅提升了服务的灵活性和普适性，也为数据资产的价值扩展开辟了更大的空间。

随着区块链、人工智能等新兴技术的兴起，数据资产运营商的未来发展潜力极大。通过区块链技术，数据资产运营商能够实现数据的确权与溯源，进一步提升数据交易的安全性和透明度；而对人工智能技术的应用，让数据分析与智能化应用更加精准高效，从而为行业提供更多前瞻性洞察。随着行业的不断垂直化和全球化，数据资产运营商将在更多领域和国际市场中发挥重要作用，为数字经济的可持续发展注入新的动力。

3.2 数据资源供给商

数据资源供给商专注于为企业提供高质量的数据资源，通过专业的数据采集、处理和分析服务，帮助客户在数据驱动的决策中获得竞争优势。数据资源供给商运用先进的数据管理技术和工具，确保数据的准确性和时效性，同时严格遵守数据隐私和安全标准。数据资源供给商的服务涵盖数据采集、清洗、整合、存储及分析等多个环节，旨在为客户提供一站式的数据解决方案。作为可靠的合作伙伴，数据资源供给商不仅提供数据资源，还致力于与客户共同探索数据的价值，助力企业实现业务创新和增长，把握数字化时代的机遇。数据资源供给商的职能如图 3-3 所示。

在服务内容方面，数据资源供给商的业务覆盖数据生命周期的多个阶段，包括数据采集、清洗和整合、存储和管理、分析及定制化应用解决方案。

- 数据采集阶段，数据资源供给商通过多种技术手段获取结构化和非结构化数据，例如抓取网页数据、监测传感器数据或调用 API 接口所获数据等。
- 清洗和整合阶段，对数据进行去重、格式转换和结构优化，以确保数据具有高一致性和高可用性。

- 存储和管理阶段，数据资源供给商基于云计算、分布式存储等技术，为客户提供灵活、安全且可扩展的存储和管理方案。
- 在数据分析阶段，数据资源供给商运用机器学习、统计建模等方法，从数据中挖掘关键信息，为客户提供有力的决策支持。

01	02	03	04	05
定制应用解决方案	优化数据供应链	定制行业解决方案	协助管理数据资产	促进数据市场交易
开发创新型数据应用，对精准营销、风险管理、产品优化等提供数据支持	更新和优化数据供应链，为客户提供持续支持	为不同行业（如零售、制造业、医疗）提供定制化的数据服务，助力企业优化策略和创新	协助企业建立数据资产管理能力，实现数据资产化和商业化	为数据交易平台和数据资产运营商等提供稳定优质的数据资源，推动数据生态健康发展

图 3-3　数据资源供给商的职能

在精准营销、风险管理、产品优化等领域，数据资源供给商提供的数据支持能为客户创造显著价值。除了提供基础的数据服务，数据资源供给商还致力于与客户共同探索数据的潜在价值，开发创新型数据应用。通过定制化的行业解决方案，数据资源供给商为客户提供了极具针对性的支持。例如，在零售行业中，数据资源供给商通过整合多渠道的消费者行为数据，帮助企业优化营销策略、提升客户体验；在制造业中，数据资源供给商提供的设备运行数据和生产流程数据，为企业实现智能制造和预测性维护提供了可能；在医疗领域，数据资源供给商通过整合电子健康档案和诊疗数据，推动精准医疗和公共卫生领域的创新。

数据资源供给商在数字化转型浪潮中扮演了重要角色。它们不仅为客户提供关键的数据资源，还通过协助企业建立数据资产管理能力，帮助其实现数据资产化和商业化。通过不断更新和优化数据供应链，数据资源供给商为客户在数字化时代提升竞争力提供了持续支持。与此同时，数据资源供给商也在数据交易市场中发挥着基础性作用，为数据交易平台、数据资产运营商等上下游合作伙伴提供稳定的优质数据资源，推动整个数据生态的健康发展。

3.3 数据资源技术服务商

数据资源技术服务商专注于为企业提供全方位的数据管理和技术服务，通过先进的数据存储、处理、分析及安全保护方案，帮助企业有效管理和利用数据资源。构建可靠的数据基础设施，优化数据治理流程，确保数据质量和安全，同时利用大数据分析、人工智能等前沿技术，赋能企业决策，推动业务创新和发展。作为数据资产化的专业伙伴，数据资源技术服务商不仅提供技术支持，还协助客户制定数据战略，助力其实现数字化转型，把握数据时代的机遇。数据资源技术服务商的职能如图3-4所示。

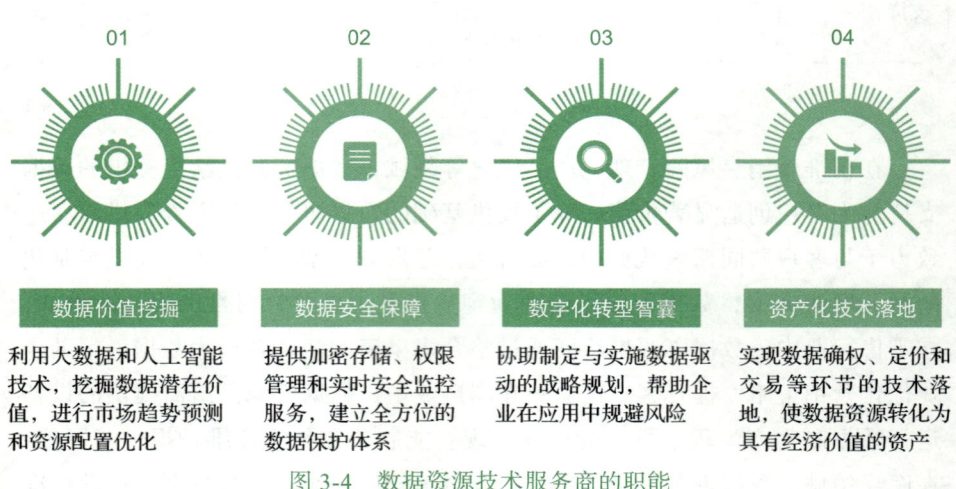

01 数据价值挖掘	02 数据安全保障	03 数字化转型智囊	04 资产化技术落地
利用大数据和人工智能技术，挖掘数据潜在价值，进行市场趋势预测和资源配置优化	提供加密存储、权限管理和实时安全监控服务，建立全方位的数据保护体系	协助制定与实施数据驱动的战略规划，帮助企业在应用中规避风险	实现数据确权、定价和交易等环节的技术落地，使数据资源转化为具有经济价值的资产

图 3-4 数据资源技术服务商的职能

数据资源技术服务商通过系统化的技术支持，帮助企业高效管理海量数据，实现从无序到高效的转变。

在数据治理层面，数据资源技术服务商通过数据标准化、元数据管理以及数据质量监控等手段，帮助企业解决数据孤岛和重复冗余问题，使数据具有更高的一致性和可信度。同时，通过搭建灵活的存储解决方案和强大的数据处理平台，数据资源技术服务商能够支持企业快速响应复杂业务需求，并为后续数据分析和应用提供稳固的技术基础。

在数据利用层面，数据资源技术服务商利用大数据和人工智能技术，帮助企业挖掘数据的潜在价值。例如，通过对历史数据进行深度分析，可以帮企业预测市场趋势，优化资源配置；基于实时数据处理，数据资源技术服务商能够提供动态的风险管理和运营优化支持。除此之外，数据资源技术服务商还协助企业开发个性化数据应用，将技术能力转化为直接的商业价值，例如精准营销系统、供应链优化工具或自动化决策支持平台。

与此同时，数据资源技术服务商在保障数据安全方面也发挥着重要作用。在数据隐私保护日益受到关注的今天，数据资源技术服务商通过提供加密存储、权限管理和实时安全监控等服务，为企业建立全方位的数据保护体系，确保数据在存储、传输和使用环节中的安全性和合规性。这种强有力的安全保障不仅帮助企业满足法律法规要求，还提升了客户和合作伙伴的信任度。

此外，数据资源技术服务商在企业数字化转型中充当智囊角色，可协助企业制定与实施数据驱动的战略规划。通过深入了解企业的行业特点和业务需求，数据资源技术服务商能够帮助企业量身定制数字化发展路径，并指导企业在新兴技术的应用中规避风险。例如，在数据资产化过程中，数据资源技术服务商可协助企业实现数据确权、定价和交易等环节的技术落地，使数据资源真正转化为具备经济价值的资产，为企业开辟新的收入来源。

3.4 数据产品开发商

数据资源从企业内部数据表、数据库中挖掘、提炼出来，经过初步加工形成数据资产。数据资产的生产原料和产品都是以数据的形式存在的。数据产品开发是企业数字化转型的重要环节，若企业本身信息技术部门与业务部门具有相应能力且能够实现内部协调，那么企业自己可以在内部搭建数据中台，实现企业数据产品开发。若企业因规模、技术等原因不具备相应条件，那么可以与数据产品开发商合作。数据产品开发的意义在于充分挖掘和利用数据的潜力，推动企业实现数字化转型，加快业务发展。

在数字经济加速发展的背景下，数据产品开发商在企业转型过程中发挥着不可替代的作用。它们利用先进的技术和工具，帮助企业对分散的数据资源进行整合和加工，形成具有商业价值的数据产品。这些数据产品可以是可视化的报告、智能化的分析工具，也可以是深度学习模型或自动化决策系统，广泛应用于市场营销、运营优化、供应链管理和风险控制等领域。例如，通过为零售企业开发用户行为分析模型，数据产品开发商可以帮助企业精确定位消费者需求，优化库存管理，提升企业整体运营效率。数据产品开发商的职能如图 3-5 所示。

数据资源整合	数据产品开发	促进数字化转型	构建产品生态
对企业内部数据表和数据库中的数据资源进行整合和加工	开发以数据为原料的数据产品，支持企业数字化转型	通过数据产品开发，推动企业实现数字化转型和业务发展	构建企业专属的数据产品生态，推动数据资产化和商业化
01	02	03	04

图 3-5　数据产品开发商的职能

数据产品开发的核心价值在于释放数据潜力，使其成为企业增长的新引擎。对于大型企业而言，数据产品开发商能够提供外部专业支持，优化现有的数据中台架构，实现数据在不同业务线间的高效流转和利用。而对于中小型企业，由于技术和资源的限制，数据产品开发商可以提供定制化的解决方案，帮助其快速完成数据产品的设计与实施。这不仅节约了企业的时间和成本，也降低了数字化转型的门槛。

此外，数据产品开发商还可通过构建企业专属的数据产品生态，推动数据的资产化和商业化。通过数据产品，企业不仅能够优化内部管理，还能够创造新的收入来源。例如，部分企业可以利用数据产品开发商的技术支持，对自有数据进行产品化并推向市场，进入数据交易或数据服务领域，成为数据经济的直接受益者。

3.5 数据资产化服务商

数据资产化服务商致力于帮助企业将数据转化为具有战略价值的资产，通过提供全面的数据管理、分析和技术解决方案，实现数据价值的最大化，其职能如图 3-6 所示。利用大数据分析、人工智能、区块链等先进技术，数据资产化服务商能帮助企业发掘数据背后的信息，支持业务决策，推动业务创新，并促进可持续增长。作为数据资产化的专业合作伙伴，数据资产化服务商不仅可提供技术支持，还可协助客户制定数据战略，助力其实现数字化转型，把握数据驱动的商业机遇。

数据转化	数据战略制定	数据治理服务	数据资产化支持
帮助企业将数据资源转化为具有战略价值的资产，体现在财务报表上	协助客户制定数据战略，助力数字化转型和把握数据驱动的商业机遇	协助企业提供全方位数据治理服务，建立科学高效的数据管理体系	支持企业评估数据资产价值，设计数据资产化路线图，探索新的盈利模式
01	02	03	04

图 3-6 数据资产化服务商的职能

数据资产化服务商的核心任务是协助企业将原本分散、无序甚至闲置的数据资源转化为可管理、可交易、可增值的数据资产。这一过程不仅需要强大的技术支持，更需要对企业业务逻辑有深刻理解和对行业发展有精准把握。通过提供全方位的数据治理服务，数据资产化服务商可帮助企业建立科学高效的数据管理体系，提升数据的准确性和一致性，为后续的数据分析和应用奠定基础。此外，针对数据使用中的合规性和安全性问题，数据资产化服务商还引入多层次的安全保障措施，包括数据加密、访问控制和隐私保护，确保数据资产在整个生命周期中具有足够高的安全性。

在数据分析和价值挖掘方面，数据资产化服务商依托大数据分析、人工智能和区块链等前沿技术，帮助企业从数据中提取有意义的信息。例如，通过构建个性化推荐系统，数据资产化服务商可以帮助零售企业提升用户体验并增加销售额；通过预测性分析模型，可以支持制造企业优化生产计划，降低成本。此外，数据资产化服务商还致力于开发智能化的数据应用场景，例如实时监控系统、精准营销工具和风险预警平台，为企业在竞争激烈的市场中提供差异化优势。

作为企业数字化转型的重要推动者，数据资产化服务商不仅提供技术解决方案，还协助企业制定长期的数据战略规划。例如，数据资产化服务商可以帮助企业评估现有的数据资产价值，设计数据资产化路线图，甚至支持企业进入数据交易市场，探索新的盈利模式。通过数据确权、定价和交易技术的支持，企业可以从数据资产化的进程中获得直接的经济回报，并成为数据经济发展的先锋。

实践小贴士：企业在数据资产化的过程中，需要咨询所有相关的服务商吗？

不需要咨询所有相关的服务商，而是根据企业的目标进行选择。企业在进行数据资产化的过程中，必然存在阶段性目标。例如企业处于数据资源识别阶段，本身已有部分原有系统产生的数据，暂未进行资产化处理。此时企业首要目标应该是识别已有的数据资源，按照数据类型、安全等级等对数据资源进行分类。此时企业可以咨询数据资产运营商，在其帮助下准确识别并分析数据资产情况。而后，企业若要将数据资源计入财务报表及其附注中，则需联系数据资产化服务商，对数据资产进行会计处理，并获取数据资产登记证书。总而言之，相关服务商的工作重点虽然存在部分重合，但是又各有侧重。企业应根据自己的数据资源处理目标来咨询相应的服务商，按照需求购买相关服务。

第 4 章
数据资产化实现路径

本章将探讨数据资产化的实现路径，包括数据资源化、产品化、资产化和资本化 4 个阶段，强调数据治理、合规管理和市场流通在数据资产化过程中的重要性，旨在将数据从原始资源转化为具有经济价值的资产。

4.1 数据资产化实现路径概述

我国对数据资产化实现路径的探索，正逐步形成从数据资源到数据产品，再到数据资产的闭环链条，如图 4-1 所示。数据资产化不仅是数字经济发展的重要推动力，也是数据市场建设的关键环节。

- 数据要素资源化是将无序的原始数据通过整理和分类，转化为有序的数据资源的过程。这一阶段的关键在于数据的收集、清洗和存储，确保数据的质量和可用性。企业需要通过业务数据化手段，将分散在各个部门和系统中的数据集中起来，形成统一的数据资源库。

图 4-1 数据资产化实现路径图

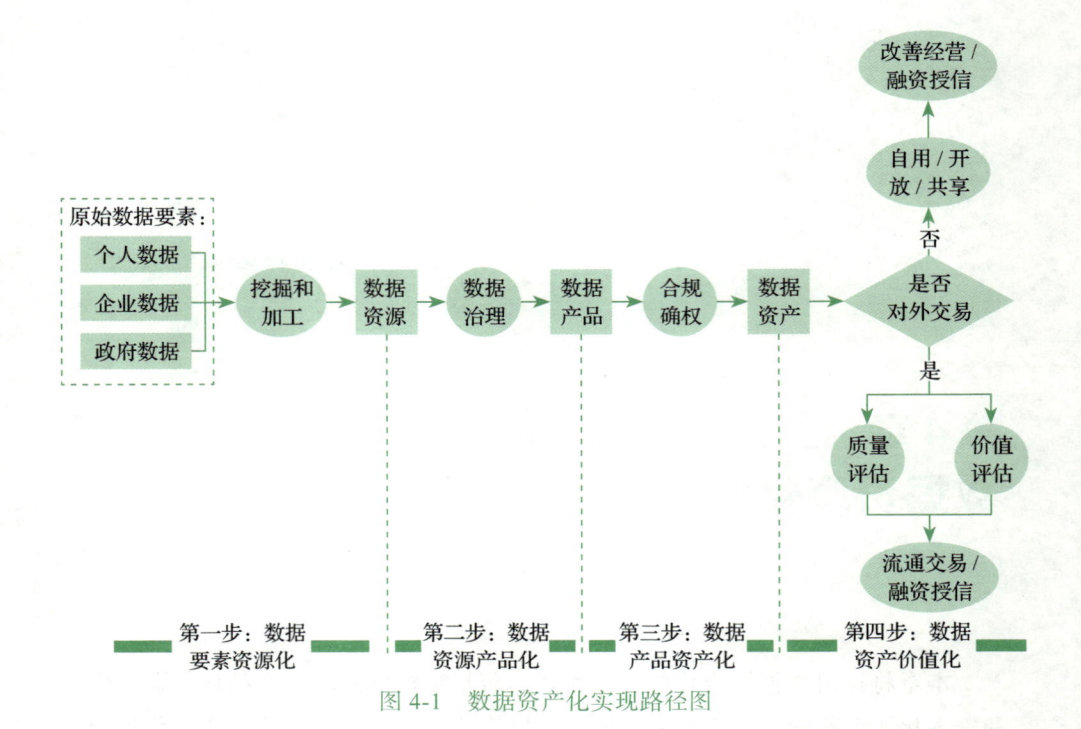

- 数据资源产品化是指将整理好的数据资源进一步加工处理，转化为具体的数据产品或服务。这一阶段的核心在于数据分析和应用开发，通过挖掘数据的应用价值，开发出满足市场需求的数据产品。例如，企业可以将客户数据转化为客户画像，为客户提供个性化推荐服务；或者将销售数据转化为市场分析报告，帮助企业作出更精准的营销决策。

- 数据产品资产化是将数据产品或服务转化为企业的无形资产，并在企业内部进行管理和运营的过程。这一阶段的关键在于确权、定价与估值，确保数据资产的价值得到认可和保护。企业需要建立数据治理体系，明确数据的权属关系，制定合理的数据定价策略，确保数据资产的合法性和安全性。

- 数据资产价值化是指通过金融手段将数据资产转化为资本，实现价值的最大化。这一阶段的核心在于数据证券化和信贷融资，通过将数据资产作为抵押或质押物，获得贷款或投资。例如，企业可以通过数据资产抵押贷款，获得流动资金支持。

4.2 数据资产化实现路径的评价标准

4.2.1 数据评价与价值评估

数据资产化过程中的关键环节包括数据评价和价值评估。数据评价环节通常涉及质量要素、成本要素和应用要素三部分。价值评估采用成本法、收益法和市场法等进行。

1. 成本法

成本法是基于重建或者重置的思路评估数据资产价值的一种评估方法，基本计算公式为：

$$P = TC \times U$$

式中，P 为数据资产的评估价值；TC 为数据资产的重置成本；U 为价值修正系数，是影响数据资产价值的所有因素的集合。

重置成本（TC）即从头开始收集、处理、存储、分析数据的总费用。它反映了数据资产的再创造成本。在确定重置成本时，首先需要列出实现数据功能的各项基本成本，包括但不限于如下各项。

- 数据采集成本：这部分成本包括获取数据所需的费用，如购买第三方数据的费用、购置和安装传感器的费用、搭建数据接口的费用等。如果是企业自行收集数据，还需要考虑数据采集的人工成本。
- 数据处理成本：数据从原始状态转换为可用格式的过程中产生的成本，包括数据清洗（如去重、修正错误、填补缺失值）、数据转换（如从一种格式转换为另一种格式）等环节所需的费用。这些处理工作可能需要专门的数据处理工具或人工干预，都会产生费用。
- **数据存储成本**：数据存储是重置成本的核心组成部分，尤其是在大数据和云计算环境下，存储需求会非常高。存储方式可能包括本地数据库存储、云服务平台（如 AWS、Azure 等）存储和其他分布式存储系统存储。
- **数据分析成本**：分析数据所需的费用，包括使用数据挖掘算法、机器学习模型等技术手段进行数据分析产生的技术费用和人力成本。数据分析的目的是从原始数据中提取出有价值的信息，促进决策制定或业务优化。
- **数据安全和维护成本**：数据资产的维护成本，包括定期备份、数据安全保障（如防火墙、加密技术）、数据更新与修复等工作所需的费用。

确定重置成本时，可以通过直接调查当前市场成本情况、历史数据或行业标准来进行估算。例如，对于一个特定行业的数据资产，企业可以参考类似企业在同类项目中投入的成本作为自己的重置成本。

价值修正系数（U）是根据外部因素对数据资产进行价值调整的因子。影响价值修正系数的因素有很多，以下是常见的几个。

- **数据时效性**：某些数据（如社交媒体行为数据、市场交易数据等）随着时间的推移价值会逐渐降低，因为它们通常是实时变化的。反之，历史数据或不受时间影响的数据的价值会较为稳定。若数据较为陈旧，修正系数可能接近 1；若数据非常新鲜且与业务的相关性强，修正系数可能较高。
- **数据质量**：数据的准确性、完整性、可重复性等指标都会影响其价值。例如，若数据缺失较多、存在错误，修正系数会降低。高质量的数据资产，如准确且经过清洗的大规模数据集，修正系数会较高。
- **数据稀缺性**：如果数据来源稀缺或获取难度较大，那么该数据资产的价值修正系数会提高。数据的独特性也是影响价值修正系数的重要因素。例如，某些领域的高质量数据可能比常见数据更为珍贵，修正系数会较高。

- **市场需求**：若市场对特定类型数据的需求非常强烈，修正系数自然上升。例如，行业对金融市场数据、健康数据和消费者行为数据等需求大增，对应数据资产的修正系数也随之提升。

价值修正系数的范围通常在 1～3 之间，但是在某些特定情况下，尤其是数据价值极高时，价值修正系数可能高达 5 甚至更高。

2. 收益法

收益法是通过估算数据资产未来可能产生的收益并进行折现作为数据资产价值的一种评估方法，基本计算公式为：

$$P = \sum_{t=1}^{n} \frac{F_t}{(1+i)^t}$$

式中，P 为数据资产的评估价值；n 为数据资产的收益年限；F_t 为数据资产的预期收益；t 为时间周期，通常为年、半年或季度等；i 为折现率，可以采用风险累加和加权平均资本成本倒算得到。

预期收益（F_t）指的是数据资产在未来特定时间段内为企业带来的经济价值。这些收益可以是直接的金钱收入，也可以是间接的效益，例如下面几种。

- **直接收入**：例如，通过对数据进行交易或许可，直接为企业带来收入。这类收入可以是销售数据本身的收入，或是通过提供数据分析服务、数据集成服务等获得的收入。
- **成本节约**：数据资产可帮助企业提升工作效率或减少浪费，从而节省成本。比如，通过大数据分析优化供应链管理，减少库存积压，或者通过预测模型减少生产过剩等。
- **增加收入**：数据资产还可能间接推动企业收入增长，如通过精准营销提高销售额，或通过改善用户体验增加客户忠诚度。

预期收益通常通过历史数据、市场趋势、行业报告等进行预测。企业可以利用外部顾问或第三方数据分析机构的帮助来做出更为精确的预测。

折现率（i）是指将未来有限期收益转化为现值的比率。它代表了资金的时间价值和风险溢价。影响折现率的因素如下。

- 资金成本：企业的融资成本（例如贷款利率、资本成本等）。
- 市场风险：数据资产本身面临的风险，如法律合规风险、市场需求波动风险、技术过时风险等。
- 企业的信用风险：企业实现预期收益的风险。如果企业处于增长初期或面临较大财务压力，则需要使用较高的折现率来反映潜在风险。

折现率一般设定为 5%～20%。较低的折现率适用于低风险、有稳定回报的数据资产，而较高的折现率适用于风险较大的数据资产。

3. 市场法

市场法是根据相同或者相似的数据资产的近期或者往期成交价格确定数据资产价值的方法，基本计算公式为：

$$P = P' \times A \times B \times C \times D \times E$$

式中，P 为数据资产的评估价值；P' 为可比案例的交易价格；A 为交易日期修正系数；B 为交易条件修正系数；C 为法律因素修正系数；D 为信息因素修正系数；E 为价值因素修正系数。

可比案例的交易价格（P'）指类似的数据资产在市场交易中获得的价格。可比案例的选择是非常重要的，它通常有以下几个来源。

- 公开交易数据：在公开市场上出现过的交易价格。对于数据交易较为活跃的行业（如金融、广告等），可以参考历史交易价格。
- 行业报告：对于数据交易不活跃的某些行业，可以参考行业报告中的估值数据。
- 同行企业案例：类似企业或组织在相同或相似条件下的数据交易价格。

对修正系数（A、B、C、D、E）的相关介绍如下。

- A（交易日期修正系数）：基于市场条件、需求变化及技术更新等因素调整价格。比如，如果市场的需求较强或发生了技术革新，修正系数会较高，反之则较低。
- B（交易条件修正系数）：例如，支付方式（一次性支付或分期付款）、合同条款的好坏（长期合同通常会使价格更高），甚至市场上数据的紧急程度等，都会对价格产生影响。
- C（法律因素修正系数）：法律合规性也会影响数据的价值。例如，数据是否符合隐私保护等相关法律法规的要求，是否受政府监管等。
- D（信息因素修正系数）：涉及数据的质量、准确性和完整性等因素。如果数据非常完整且具有高价值，那么修正系数会较高。
- E（价值因素修正系数）：包括数据本身的稀缺性、市场需求、技术创新等因素。例如，在大数据分析和人工智能发展迅猛的背景下，市场对某些类型的数据需求可能更强。

4.2.2 合规与管理

在数据资产化过程中，合规性是一个重要影响因素。需要建立合规评估、质量评价、价值评估等第三方数据资产服务体系。同时，还需确保数据的质量、安全性和可用性。数据资源经过治理成为数据产品后，已经确认数据是可以带来经济利益的，但是我们还需要确认数据是否由企业所拥有和控制，因此必须对数据产品进行确权。确权后的数据产品才能成为真正的数据资产。

数据的合规审查就是对数据主体、数据来源、数据处理的各个环节等是否符合法律规范进行审查。无论数据资产的价值有多少，无论数据资产将来如何使用，都必须进行合规审查，否则可能触及法律红线。

1. 数据主体合规审查

数据主体合规审查主要关注以下几个方面的内容。

- 拥有数据资产的企业是不是一个合法的主体。

- 关注该企业是否具备相应的合规经营能力。
- 关注该企业是否具备与数据资产相关的备案和证书。

2. 数据来源合规审查

根据来源数据主要分为自行产生的数据、协议获取的数据、搜集的公开数据、收集的个人信息数据等。数据来源合规审查主要关注以下几个方面的内容。

- 审查数据采集是否危害国家安全、公共利益。
- 审查数据采集是否损害个人的合法权益。
- 审查数据采集是否侵犯他人知识产权，是否涉及不正当竞争情形。
- 审查数据采集的方式和目的是否合法、正当。

3. 数据处理合规审查

数据处理活动包含数据存储、使用、加工、传输、提供、公开、删除等。数据处理的合规审查就是对上述活动是否合规进行审查，主要关注以下几个方面的内容。

- 企业的数据存储设备和介质的安全性能与防护级别是否满足要求。
- 企业是否通过加密、匿名、访问控制、校验技术等措施强化对重要数据和敏感个人信息的保护。
- 企业是否建立重要数据和个人信息的备份与恢复机制。
- 企业是否采取加密等安全保护措施确保数据传输的介质和环境安全。
- 企业对于聘请第三方进行数据处理的活动是否进行合规管理。
- 企业是否建立数据存储冗余管理策略，是否及时对无用数据进行删除或匿名化处理。

实践小贴士：企业在进行数据合规化处理时需要注意哪些事项

数据合规是企业数据资产化的必经之路，通常数据的合规性确认需要第三方律师事务所提供数据资产登记的合规报告。企业在对接过程中，应按照律师事务所的要求提供相应的材料。由于数据资产的特殊性，在收集材料的过程中不仅需要财务人员的配合，还需要技术人员的支持。另外，企业也应保持数据安全方面的警惕性，制定相应的数据泄露响应机制，确保数据处理活动合法合规，同时防范潜在的合规风险。

4.2.3 数据资产质量评估指标

随着数据资产化的推进，动态估值框架成为一种新的趋势。这种框架可以适应不断变化的数据市场环境。任何产品在流通交易之前都需要经过质量检验，数据产品也不例外。数据资产的质量直接影响数据资产的价值，因此，建立一套科学、系统的数据资产质量评估指标体系和方法显得尤为重要。

根据《信息技术 数据质量评价指标》（GB/T 36344—2018）中给出的评估指标，结合实际操作情况，我们将数据资产质量评估指标定为4个一级指标与9个二级指标，如表4-1所示。其中，数据质量规范性是指数据是否遵循了既定的数据标准和数据模型；数据质量完整性涉及数据是否全面，即所有必要的数据元素是否都已被收集和记录；数据质量准确性指数据是否正确地反映了其描述的实体或事件；数据质量一致性涉及数据在不同时间点或不同数据源之间的一致性。

表 4-1 数据资产质量评估指标

一级指标	二级指标	指标描述
数据质量规范性	数据标准	数据是否严格遵循行业或国际认可的标准，包括数据格式、编码和表述方式
	数据模型	数据的结构和关系是否符合组织内部定义或行业标准的数据模型，包括数据之间的关联和层级
	元数据	元数据是否按照既定的规范和标准进行定义与管理，以确保数据可被理解和使用
数据质量完整性	数据元素完整性	数据集中所有必要的数据元素是否都已被赋值，没有缺失的字段，特别是关键数据元素
	数据记录完整性	数据集按照业务规则要求应被赋值的数据记录的赋值程度

（续）

一级指标	二级指标	指标描述
数据质量准确性	数据内容正确性	数据内容是否能真实反映现实情况，数据的信息是否准确无误
	数据格式规范性	数据格式是否符合预定的标准
数据质量一致性	相同数据一致性	确保在不同的系统或平台中重复的数据保持一致，没有差异
	关联数据一致性	评价不同数据源或数据库之间关联数据的一致性，确保数据在各个点上准确对应

4.3 数据资产化战略指导

4.3.1 政策支持与制度建设

1.《关于加强数据资产管理的指导意见》

《关于加强数据资产管理的指导意见》是由财政部制定并印发的一份文件，旨在规范和加强数据资产管理，推动数字经济的发展。该指导意见于 2023 年 12 月 31 日由财政部正式发布。该指导意见的核心内容包括构建"市场主导、政府引导、多方共建"的数据资产治理模式，推进数据资产全过程管理以及合规化、标准化、增值化。它明确了依法合规管理数据资产、明晰数据资产权责关系、完善数据资产相关标准、加强数据资产使用管理、稳妥推动数据资产开发利用、健全数据资产价值评估体系等方面的要求。

此外，该指导意见还强调了数据资产的高质量供给和公共数据资产的应用机制，以促进公共数据资产的有效释放和价值挖掘。这些措施旨在解决当前数据资产管理中存在的问题，如高质量数据供给不足、合规化使用路径不清晰、应用赋能增值不充分等。

总体而言，《关于加强数据资产管理的指导意见》不仅为数据资产管理提供了明确的制度框架，还为数字经济的高质量发展提供了有力支持。

2.《"数据要素 ×"三年行动计划（2024—2026 年）》

《"数据要素 ×"三年行动计划（2024—2026 年）》（以下简称《行动计划》）是由国家数据局联合 17 个部门共同印发的一个政策文件，旨在充分发挥数据要素的乘数效应，推动数字经济的高质量发展。该计划的核心目标是到 2026 年年底，显著拓展数据要素的应用广度和深度，打造 300 个以上具有示范性、显示度高和带动性强的典型应用场景，并确保数据产业年均增速超过 20%。

《行动计划》强调通过数据要素与劳动力、资本等其他要素的协同作用，以数据流引领技术流、人才流、物资流等，提高全要素生产率，从而提升经济社会运行效率。此外，该计划还注重数据资源供给和流通环境的优化，以保障数据的高效安全流通。

为了实现这些目标，《行动计划》提出了五大举措和十二项行动，涵盖工业制造、现代农业、商贸流通、交通运输、金融服务、科技创新、文化旅游、医疗健康、应急管理、气象服务、城市治理和绿色低碳 12 个领域。这些举措旨在促进经济增长，提升企业创新能力和服务水平，同时强化风险防控，推动我国数字化转型迈上新台阶。

总体而言，《行动计划》不仅关注数据要素的应用和流通，还强调安全贯穿于数据要素价值创造和实现的全过程，严守数据安全底线。这一政策文件标志着中国数据要素治理规则体系的进一步完善，并为未来几年内数据驱动行业发展和经济增长奠定了基础。

4.3.2 市场机制与流通交易

交易和流通是实现数据资产价值的方式之一，也是目前应用较为普遍的方式，这种方式通过将数据资产的相关权利让渡出去来实现价值。

1. 数据资产交易和流通模式

数据资产交易是指在共同遵守的定价机制和交易规则下，将一方的数据资产出售给另一方的过程，目的是实现数据资产的经济价值。数据资产流通指通过开放、共享、交易数据资产等形式，为企业的生产经营或个人提供便利，或是通过一定的合同契约、市场机制进行约束，进而产生相应的社会和经济效益，目的在于促进数据在组织内外的流转和价值实现。

（1）数据交易模式

数据交易模式分为场内交易和场外交易两种，如图 4-2 所示。

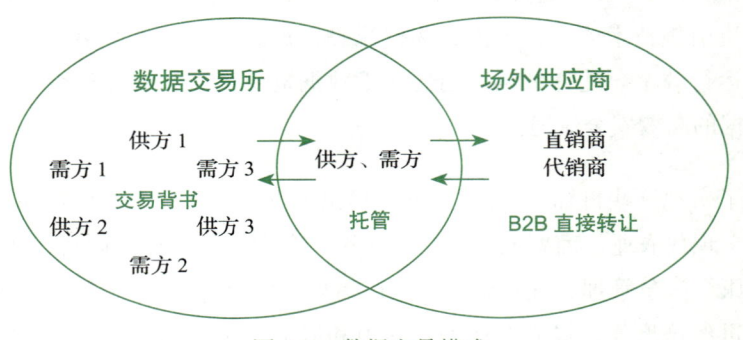

图 4-2　数据交易模式

- **场内交易模式**：此模式主要用于在特定的交易场所内进行数据资产的交易。在这种模式下，交易双方在安全、可靠的交易平台中进行登记、挂牌、交易。该模式下，交易平台通常会对数据资产进行评估和认证，以确保数据资产的质量和安全性。
- **场外交易模式**：此模式主要用于交易双方的直接转让和交易，由购买者直接向出售者支付现金或通过其他方式获得数据资产的所有权，在交易完成后进行交付结算。这种模式的优点是交易过程简单，交易成本低；缺点是数据的质量和安全性难以保证。

（2）资源互换模式

资源互换模式旨在通过资源的交换来实现数据资产的交易和流通，如图 4-3 所示。这种模式通常用于两个或多个组织之间，通过合同约定进行数据资产的交易和结算。这种模式的优点是可以实现资源的共享和互利;缺点是交易过程复杂,交易成本高。

图 4-3 资源互换模式

(3) 数据共享模式

此模式通过建立一个共同的数据共享机制,利用隐私计算、区块链等安全技术,在保护数据隐私的前提下,将数据从一个组织或个人传播给另一个组织或个人,或者形成共用的数据资源池,如图 4-4 所示。

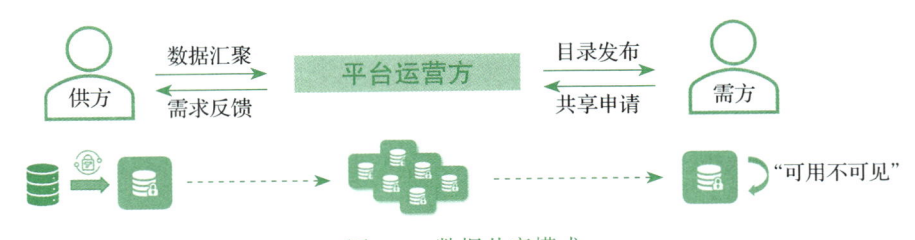

图 4-4 数据共享模式

(4) 数据开放模式

此模式更多用于向社会公众提供易于获取和理解的数据,目的是使公众能够更容易地获取和利用数据,从而推动数据的价值释放和应用。

2. 数据资产交易和流通技术

数据资产交易和流通技术主要应用在合规审查、供需撮合、客户服务和数据流通 4 个重要环节中,以实现合规动态化、撮合智能化、客服智能化的全过程线上化数据交易。从卖方到买方支持多种数据流通技术,实现全过程在线可信数据流通。

- 合规审查技术:合规审查需要对提交的大量非结构化审查材料(图片、文件)进行光学字符识别,将图片中的文字提取为文本,并基于自然语言处理技术对审查材料进行合规分析,并将分析结果和建议提供给数据商与合规的第三方服务机构,作为它们编写合规报告的基础和依据。主要技术有光学字符识别(OCR)和自然语言处理(NLP)。
- 智能撮合技术:智能撮合可为供需双方提供高效精准的匹配和连接方式,帮助供需双方发现并连接潜在的商品、客户和合作伙伴,大幅降低获客成本和交易风险。智能撮合技术包括标签画像、智能搜索/推荐、埋点采集等。
- 智能客服技术:智能客服利用人工智能和大模型技术,实现与用户的智能化交互,为用户提供咨询、解答、引导等服务。智能客服技术包括大语言模型(Large Language Model,LLM)和检索增强生成(Retrieval Augmented Generation,RAG)等。
- 数据流通技术:数据流通技术用于在交易合同签订后,根据交易合同完成从卖方到买方的数据产品交付流转,支持全过程在线的可信数据流通。数据流通技术包括多方安全计算、联邦学习、可信执行环境、可信数据空间和区块链等。

随着企业对数据价值的认识加深,数据市场将迎来更加广阔的发展空间,企业应紧紧抓住这一历史机遇,强化交易技术的创新应用。未来可以探索通过联合训练模型开展数据交易,支持所有相关方将数据资源接入平台。数据使用方无须接触原始数据,只须将数据模型构建在平台上,即可获得所需产品和服务,实现数据的"可用不可见、用途可控制、价值可计量",兼顾数据安全和数据交易双方的权益。

第 5 章
数据资产化技术解读

本章将探讨数据资产化的技术选型，重点包括数据分类、数据处理技术、数据治理和建模技术。数据分类有助于明确不同数据的价值和应用方向；数据处理技术（如大数据、云计算和人工智能）可支撑数据资产化进程；数据治理技术可确保数据具有符合要求的质量、安全性和合规性；建模技术可通过数据清洗、建模和评估，将数据转化为具有商业价值的资产，推动企业数字化转型。

5.1 可资产化的数据分类

在数据资产化过程中，对数据进行分类是关键步骤之一。根据不同的标准和需求，数据可以被划分为多种类别。

从数据的应用行业来看，数据可以分为金融行业数据、电信行业数据、政府数据等。这些不同行业的数据具有各自独有的特征，例如金融行业数据通常具有高效性、风险性和公益性等特征。数据特征基于各个行业的发展需求形成，并可能对数据的价值产生重大影响。

从数据的发展阶段来看，数据可以分为原始数据、精加工后的数据、初探应用场景的数据以及实现商业化的数据。这种分类反映了数据在不同阶段的不同价值和用途，即使是相同的数据，在不同的应用领域和使用方法下，价值也会有所不同。

此外，根据权属和隐私保护的方式，数据可以分为私有数据和公共数据。私有数据的产权归组织或个人所有，所有方可以自行决定数据使用方式和用途；公共数据由社会共有，具有公共属性。

在企业层面，数据还可以根据权属进一步划分为具有使用权的业务数据、具有所有权的业务数据、具有使用权的数据业务和具有所有权的数据业务。这种分类有助于企业在数据资产管理中明确各类数据的权利归属和使用权限。

ISO/IEC 19944标准将数据分为用户数据（Customer Content Data）、衍生数据（Derived Data）、云数据（Data by Cloud Service Provider）与账户数据（Account Data）4个大类别。

由于数据种类繁多且复杂，故上述分类方法在具体应用时可能存在重叠问题，因此在实际操作中需要根据企业的具体情况和影响因素来选择合适的分类方法。

总体而言，数据的分类方法多样，需要结合具体的应用场景和管理需求来确定。通过合理分类，企业可以更好地管理和利用其数据资源，从而实现数据经济价值最大化。

5.2 数据处理技术

在数字化时代，大数据、云计算、人工智能等前沿技术的飞速发展，为数据的收集、存储、处理与分析提供了前所未有的强力支持，形成了数据资产化的坚实技术基础。数据处理涉及多种技术，这些技术涵盖了从采集、清洗、分析到监控的整个处理流程。

大数据技术具有处理和分析大规模数据集的能力，使得对海量数据进行存储、管理和分析成为可能。通过分布式计算框架，如 Apache Hadoop 和 Apache Spark，企业能够高效处理结构化、半结构化和非结构化数据，挖掘数据背后的价值，为决策提供科学依据。自然语言处理（NLP）技术中的 Word2Vec、GloVe、FastText 等模型用于训练词向量，神经网络（如循环神经网络、长短期记忆网络）用于处理序列数据。云计算技术的弹性与可扩展性，让企业可以按需获取计算资源和存储空间，这降低了运营成本，加速了数据处理流程，同时确保了数据的安全与合规。

人工智能技术的融入，更是为数据分析带来了智能化、自动化的革命性变化。机器学习和深度学习算法的应用，不仅提高了数据分析的效率和准确性，还使得数据分析结果更加精准、可靠，为数据驱动的决策提供了强有力的支持。例如，SweetViz 是一个开源的 Python 库，可以通过两行代码生成美观且高密度的可视化图表，以便快速进行探索性数据分析（EDA）。DataPrep 是一个用于分析、准备和处理数据的开源 Python 包，构建在 Pandas 和 Dask DataFrame 之上。数据清理标准化后，可以通过数据分析与探索实现数据资产价值实现。此外，人工智能在自然语言处理、计算机视觉等领域的突破，进一步拓宽了数据的应用边界，使得非结构化数据可转化为有价值的信息和知识。

在全球经济竞争、国家经济转型、产业结构调整的宏大背景下，数据资产化具有深远的战略意义。它不仅是中国经济高质量发展的内在要求，也是应对国际国内挑战的战略选择。同时，大数据、云计算、人工智能等技术的不断革新与融合，为数据资产化提供了强大的技术支撑，推动了数据的商业化、资产化进程。在这一进程中，中国不仅实现了自身的经济转型升级，也为全球数字经济的发展贡献了力量，展现了负责任大国的担当与智慧。

5.3 数据治理与建模技术

5.3.1 数据治理目标、过程及技术

数据治理就是将上一步经过挖掘和加工形成的数据资源，按照特定的功能和价值转化为标准化的数据产品或服务。

1. 数据治理的目标

数据治理的核心目标是释放数据的潜在价值，基于此，我们可以将数据治理的目标分解为以下 4 个方面。

- 数据标准化，保证数据的一致性。
- 提升数据质量，保证数据的品质。
- 提升数据安全性，保障数据安全。
- 充分开发应用，提升数据的有用性。

2. 数据治理的过程

围绕上述目标，数据治理的过程主要包括以下几个方面。

1）理清数据家底。数据治理的首要步骤是理清数据家底，对内外部数据进行全面梳理和分类，明确数据来源、数据类型、数据结构、数据分布等信息。这有助于清晰地了解自身数据状况。通过动态管理数据资产目录，确保每一项数据都有明确的归属和责任人，为后续的数据治理工作提供输入。企业所处行业不同，存储的内外部数据会有较大差异，企业应该根据自身数据的具体情况设置数据字典，收集数据的具体信息，以索引的方式对数据进行分类。

2）制定数据标准和规范。确立统一的数据标准，涵盖数据定义、编码、采集、集成和共享等各个环节。应当根据数据属性进行分类，并制定统一的命名规范、格式规范和编码规范，以确保数据的一致性和可比性。例如，按照存储形式，数据可以分为有固定结构的结构化数据（如关系型数据库中的

表格数据）和没有固定格式和结构的非结构化数据（如图片、音频，以及介于结构化数据和非结构化数据之间的半结构化数据，如 JSON 等）。

3）**数据质量管理**。建立完善的质量检测、监控、分析和报告闭环机制，持续追踪和改进数据质量。清除数据中的错误和冗余信息，对数据进行验证，审查其是否符合规范和要求，并监控数据的变化与使用情况。例如，根据中国资产评估协会发布的《数据资产评估指导意见》，数据的质量因素包括准确性、一致性、完整性、规范性、时效性和可访问性。

4）**数据安全与隐私保护**。制定数据安全和隐私保护策略，以确保数据在采集、存储、使用和销毁的整个生命周期中符合安全合规标准。对数据进行加密处理，以保障数据传输和存储的安全性；对数据进行访问授权和限制，并记录监控数据的使用和修改情况。数据安全是指保证数据在存储、计算、传输过程中的安全。为确保数据安全，可以通过密钥管理系统（KMS）加密静态数据，可以采用密码强度要求、两因素身份验证、密码更新策略等来检测可疑用户行为和数据操作行为。

5）**数据生命周期管理**。对数据的整个生命周期进行管理和控制，涵盖数据的产生、存储、处理、使用和归档等各个阶段。通过数据生命周期管理，可合理利用数据资源，降低数据管理成本和风险，并确保数据的合规性和合法性。不同种类的数据，生命周期管理的方式也有区别：结合流行病学数据，可对药物使用进行预测判断，所以药品更新换代会直接影响药品相关数据的生命周期；金融交易数据的生命周期需结合经济周期判断，交易数据在不活跃后就会被归档。数据生命周期管理需要结合数据具体应用环境进行。

6）**数据产品开发**。数据治理的最终目标是形成数据产品，释放数据的潜在价值。按照产品的使用对象，我们可以将数据产品分为如下 3 类。

- *面向企业内部的数据产品*。这种数据产品不用于外部交易，只用于内部生产经营，例如对企业成本数据进行治理，最终开发出的数据产品可以有效降低成本；通过对客户数据的加工处理，企业得以深入了解客户的购买习惯、偏好和需求，从而实现精准营销；金融企业通过深度历史数据，可建立精密的风险评估模型，对客户进行信用评级。
- *面向企业外部的数据产品*。这种数据产品主要用于对外交易，其价值取决于客户对该数据产品的使用。只要数据对客户有用就有价值。这种数据产品的开发最为困难，需要进行广泛的数据需求调研和数据需求分析。例如，工业企业的电力数据可以开发成电力信用等级评估产品，帮助客户进行贷前评估和贷后管理。

- **面向用户的数据产品**。这种数据产品多是积累了大量数据的企业开发出来的面向自有平台用户的产品，例如微信开发的微信指数产品、微博开发的微博热点产品、百度开发的百度指数产品等，这种产品旨在帮用户了解某种趋势。

3. 数据治理技术

数据治理技术涵盖了多个领域，旨在确保数据的有效管理、高质量和合规使用。数据治理技术的核心目标是保证企业数据的准确性、完整性、一致性、安全性以及合规性。数据治理技术可以帮助企业规范数据使用流程，消除数据孤岛，提高数据流通性，并确保数据在整个生命周期内满足监管和隐私要求。

常见的数据治理技术包括但不限于数据质量管理、元数据管理、数据标准化、数据安全与隐私保护、数据合规性审计等。通过这些技术，企业能够实现高效的数据资产管理和控制，确保数据能够为决策、创新和业务增长提供支持。

这里重点介绍 AI 数据治理平台和非结构化数据中台技术，原因是这两项技术在当前数据资产化和智能化管理背景下具有特别重要的应用价值。AI 数据治理平台通过人工智能技术对数据治理过程进行智能化处理，解决了传统数据治理依赖人工、效率低下的问题。它不仅能够自动化对数据进行清洗、分类、质量评估等操作，还能通过智能化手段提升数据资产的质量，确保数据的高效使用和流通。非结构化数据中台技术则解决了大量非结构化数据的管理难题，尤其是面对来自多种渠道和具有不同格式的数据时，通过平台的集成与协同能力，企业能够高效进行数据采集、处理和分析。在实际操作中，非结构化数据的占比越来越大，这种中台技术将极大地促进企业的数据资产化进程。

1）AI 数据治理平台：提供开箱即用的数据治理智能体套件，可覆盖多种高频数据治理场景。业务人员或数据开发者均可基于专属智能体来完成各类数据治理工作，通过对"治数""用数"新范式的重组定义，推动从"经验治理"到"智能治理"，从"人工找数"到"智能用数"的转变，实现数据高质量供给。该技术可以实现的功能有数据分级分类、数据标准管理、数据资产管理、数据质量评估、数据开发、数据服务、数据分析。

阿里云的 DataWorks 平台是一个典型的例子，它融合了阿里巴巴 15 年的大数据建设方法论和最佳实践，并深度适配阿里云的 MaxCompute、Hologres、EMR、Flink、PAI 等数十种大数据和 AI 计算服务。

DataWorks 平台的核心功能包括数据资产的标签体系设计、业务资产现状分析、待治理问题的自动识别、治理计划的制订与启动，以及治理成效的持续分析。例如，DataWorks 能通过一系列模块化的治理工具，帮助用户通过定义的质量规则，自动执行数据质量评估工作，快速识别出可能影响重点业务可用性的问题数据集，并提出相应的改进建议。此外，对于那些被标记为"关键"的业务数据资产，还可实施更为严格的安全控制策略，确保敏感信息得到妥善保护。

下面看几个企业案例。

- 国家电网大数据中心通过 DataWorks 实现总部和 27 家省（市）级公司 PB 级数据的统一管理，通过全链路数据中台的治理与监测运营体系，加快电网整体数字化转型升级。
- 亿滋中国作为世界 500 强零食企业，通过 DataWorks 的智能数据建模功能进行全链路数据模型治理，极大地提升了数据中台的自服务能力，让企业数据决策实现下放，释放新零售的数字化力量。
- 友邦人寿基于阿里云搭建金融数据中台，承接了 10 倍业务流量的高峰，让数据处理效率提升 20 倍，企业整体算力成本节省达数百万元。

- 哪吒汽车逐步完善数据治理与数据湖能力，依靠稳定可靠、性能卓越、弹性扩展的大数据平台，未来将支持超过 60 万辆汽车、PB 级别的数据分析。

这些案例展示了 DataWorks 在不同行业中的应用效果，证明了其在提升数据管理效率、确保数据质量和安全性方面的重要作用。通过 DataWorks，企业能够更好地利用其数据资产，达成业务目标和战略规划。DataWorks 平台通过全新升级，推出了新一代 Data+AI 智能湖仓一体数据开发与治理平台，可为 OpenLake 湖仓一体数据架构提供智能化数据集成、数据开发、数据分析与主动式数据资产治理服务，助力全生命周期的数据管理。

2）非结构化数据中台技术：非结构化数据中台是一种集成多种功能的平台，旨在支持企业对海量的非结构化数据进行有效处理、管理和分析。该平台技术可以实现的功能有数据采集与整合、数据存储与管理、数据处理与分析、数据安全与隐私保护、跨平台集成与协同、智能搜索与推荐。

非结构化数据中台技术的核心特征是能够处理和分析文本、图像、音频、视频等多种形式的数据，这些数据蕴含了丰富的信息和巨大的应用价值，逐渐成为数据驱动决策、创新研发、服务优化等方面的重要基础资源。

具体来说，非结构化数据中台技术包括数据湖、NoSQL 数据库和大数据处理框架等解决方案。数据湖（如 Amazon S3、Google Cloud Storage 和 Microsoft Azure Blob Storage）提供了一种灵活且经济高效的方法来管理和存储非结构化数据，确保数据的高耐用性和可用性。NoSQL 数据库（如 MongoDB 和 Apache Cassandra）为不同的信息格式提供了灵活且可扩展的存储选项，从而实现了数据的高效查询和检索。大数据处理框架（如 Apache Hadoop 和 Apache Spark）可以管理大量非结构化数据，提供在计算机集群上进行数据分布式处理的能力。

在实际应用中，非结构化数据中台技术展现出了显著的效果。以某大型电商平台为例，该平台在运营过程中产生了海量的非结构化数据，包括用户评论、商品图片、客服聊天记录等。这些数据蕴含着丰富的用户行为信息和市场需求信号，但原始数据存在着大量的噪声、冗余和不一致问题，难以直接用于分析和挖掘。通过引入非结构化数据中台，并结合先进的数据清洗与预处理技术，实现了对海量非结构化数据的高效处理。在数据清洗环节，利用自然语言处理、图像识别等技术，去除了无关信息，纠正了错误数据，提高了数据的准确性和可用性。在数据预处理阶段，通过特征提取、数据转换等手段，将非结构化数据转换为结构化数据，便于后续开展数据分析和挖掘工作。经过清洗和预处理的数据，在该电商平台的多个业务场景中发挥了重要作用。例如，在商品推荐系统中，通过对用户评论和购买行为的深入分析，为用户提供了更加精准的商品推荐；在市场营销活动中，通过对用户需求和市场趋势的准确把握，制定了更加有效的营销策略；在客户服务领域，通过对客服聊天记录的挖掘和分析，及时发现并解决了潜在的问题和纠纷，提升了客户满意度和忠诚度。

德拓信息的 Datrix 非结构化数据中台以 PaaS+SaaS 的独特设计架构成为企业海量非结构化数据统一归集、多元处理、便捷管理、快速检索及灵活应用的赋能平台和应用平台，是企业实现全域数据（结构化数据与非结构化数据）资产管理的重要组成部分。

5.3.2 建模技术

数据建模技术是企业数字化转型的重要组成部分，它通过系统化的方法将数据转化为具有商业价值的资产。数据建模技术涉及多个方面，包括数据预处理、数据建模、模型评估和模型部署等阶段。在数据预处理阶段，需要对数据进行清洗、构造、整合及格式化，为后续的数据分析提供基础。数据建模阶段则涉及选择合适的建模技术和算法，并对其参数进行调优。

数据建模工具在这一过程中起到了关键作用，它们帮助用户自动选择最优算法和参数，从而降低用户在算法和参数方面的选择成本，节省建模时间。此外，数据建模工具还支持一键式建模功能，用户只需输入数据即可自动完成数据准备、算法选择、参数选择及模型评估等工作，如表 5-1 所示。

表 5-1　主要数据建模工具

工具名称	功能特点	适用场景
ER/Studio	提供可视化的实体 - 关系建模功能，支持多种数据库平台，包含数据建模、数据字典管理、模型共享和协作等功能	数据库设计、企业数据建模
IBM InfoSphere Data Architect	提供数据建模、元数据管理、数据集成等功能，能够为用户设计和生成数据模型，支持对大数据平台的建模和管理	大数据平台、企业数据仓库建设
Microsoft Visio	简单的图形化建模工具，支持绘制 ER 图、流程图等，适合进行基本的数据库设计和流程建模	小型企业、基础数据库设计
Oracle SQL Developer Data Modeler	提供一体化的数据建模功能，支持概念模型、逻辑模型和物理模型的设计，可以与 Oracle 数据库和其他数据库管理系统兼容	Oracle 数据库、大型企业数据管理项目
PowerDesigner	提供强大的数据建模、需求分析和数据库管理功能，支持从概念模型到物理模型的全过程，适合于企业级项目	企业级数据建模、大型数据仓库项目

在数据建模过程中，逻辑模型设计是一个重要环节，可以通过在线设计逻辑模型、外部导入逻辑模型文件或逆向工程完成企业级数据建模工作。逻辑建模环节可以采取 3F 范式建模、维度建模或混合模式建模。此外，数据标准的制定也是数据建模的重要部分，通过提供数据逻辑模型与数据标准的映射，实现对数据模型的标准化。

关于 3F 范式建模、维度建模和混合模式建模的介绍如下。

- 3F 范式建模是一种旨在通过规范化关系数据库设计来减少数据冗余、确保数据一致性的方法。它通过将数据拆分成多个表并消除冗余数据，避免了因重复数据更新带来的不一致性。3F 范式的核心原则是消除数据表中的"传递依赖"，确保每个字段都只依赖于主键。这种建模方法适用于需要高度数据一致性的事务处理系统，如银行、零售等行业的日常业务数据管理。然而，3F 范式通常会增加查询的复杂性，因为查询时需要涉及多个表的连接操作，这可能导致性能下降。
- 维度建模是一种主要用于数据仓库和商业智能的建模方法，旨在通过简化查询和分析过程来支持大规模数据分析。在维度建模中，数据被组织为事实表和维度表。事实表记录的是与业务活动相关的数值数据，如销售额、订单数量等；维度表则包含描述这些事实的属性信息，如时间、产品、地区等。维度建模的优势在于其简洁性和高效性，特别适用于需要进行多维度分析的场景，如商业智能分析、报表生成等。由于维度建模通常会引入一定程度的数据冗余，它并不像 3F 范式那样具有高度规范化，可能带来数据维护上的挑战，但查询性能通常较高，适合进行大规模的数据分析。

- 混合模式建模是结合了 3F 范式建模与维度建模这两者的优势的一种建模方式。在这种模式下，企业会将核心的事务性数据使用 3F 范式进行规范化存储，而将分析和报表数据采用维度建模的方式组织，以提高查询效率和简化数据分析过程。混合模式建模试图平衡数据一致性与查询性能，通过使用最适合的数据结构来应对不同的业务需求。这种方式特别适用于那些既需要高效的数据管理（如日常操作和事务处理），又需要快速高效的数据分析和报表生成的企业。尽管这种模式能够充分利用两种建模方式的优势，但其实现较为复杂，需要更多的资源支持。

数据建模不限于技术层面，还需要结合企业的业务需求和战略目标。例如，在南方电网的数据模型管理中，通过构建统一的企业级电网数据模型和数据仓库模型，形成公司统一的数据视图，支撑了事务型应用。这种做法有助于企业更好地管理和利用其数据资产，提高决策效率和业务创新能力。

数据建模技术通过系统化的流程和技术手段，将企业的数据资源转化为有价值的资产，从而提升企业的竞争力和市场适应能力。

5.4 数据价值评估技术

5.4.1 数据资产价值评估服务

在数据资产化生态图谱的建设中，资产评估机构在数据资产价值评估方面具有独特的专业性。在数据资产交易流通、入表、授信、入股等价值化环节，资产评估机构都可以提供专业化的价值评估服务。如图 5-1 所示，资产评估机构可以提供的数据资产价值评估服务主要分为 6 类。

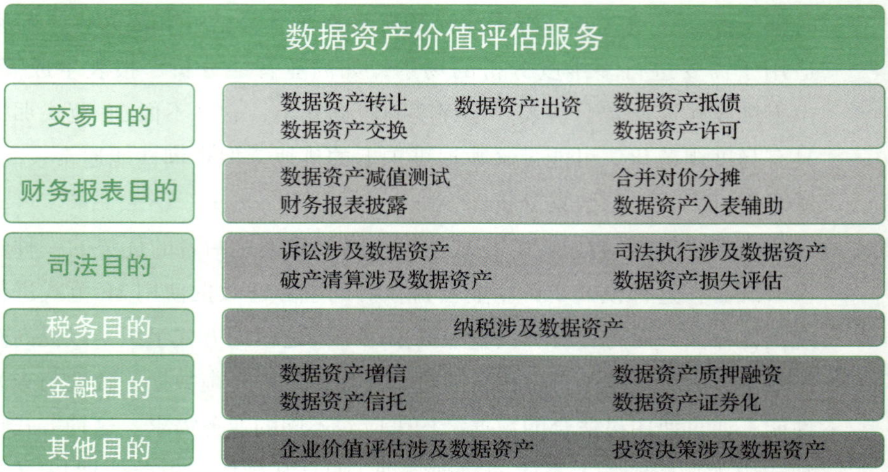

数据资产价值评估服务		
交易目的	数据资产转让 数据资产出资 数据资产交换	数据资产抵债 数据资产许可
财务报表目的	数据资产减值测试 财务报表披露	合并对价分摊 数据资产入表辅助
司法目的	诉讼涉及数据资产 破产清算涉及数据资产	司法执行涉及数据资产 数据资产损失评估
税务目的	纳税涉及数据资产	
金融目的	数据资产增信 数据资产信托	数据资产质押融资 数据资产证券化
其他目的	企业价值评估涉及数据资产	投资决策涉及数据资产

图 5-1　数据资产价值评估服务

针对上述多样的数据资产价值评估需求，数据资产评估行业应该从以下 5 个方面出发，推进本行业与数据资产相关的生态建设。

- 加快数据资产价值评估理论研究。数据市场的发展是日新月异的，理论研究也需要尽快跟上步伐。评估协会应当牵头，组织高校和评估机构一起，就数据资产价值评估的相关课题进行联合研究。评估机构应尽快成立专门研究数据资产价值评估的课题小组，就数据资产价值评估实务中的难点和重点进行研究。
- 细化数据资产价值评估程序。目前行业内并没有形成有关数据资产价值评估程序的统一规范，导致实际做法五花八门。行业协会应该尽快联合各个评估机构，细化资产识别、合同签订、现场调查、资料搜集、评定估算、报告撰写、档案归集等环节，编制更为详细的评估规范和操作标准，提升评估机构在数据资产价值评估中的专业水平。
- 建设数据资产价值评估人才队伍。数据资产价值评估涉及资产评估、计算机、经济学、管理学等多个学科，只有复合型人才才能满足新的业务需求。行业协会应该加大宣传以吸引更多的专业数据人才加入数据资产价值评估的行列。评估机构应积极开展数据资产相关的培训以便提升现有人才队伍的水平，另外还可以通过外部招聘充实人才队伍。

- 积极学习和应用大数据、人工智能新技术。数据资产评估工作本身就属于数据处理工作，在大数据、人工智能等新技术蓬勃发展的当前，大模型可进行的复杂计算、海量数据处理远非资产评估师可比，人工操作会存在易错、主观、效率低等问题。行业协会和评估机构、资产评估师应主动拥抱新技术，积极运用大数据、人工智能等手段，主动收集数据资产评估相关数据参数，形成数据资产评估参数数据集，配合人工智能大模型，逐步推动实现数据资产价值评估更精确、更实时、更客观。

- 加快推进评估底稿电子化的进程。数据资产具有非实体和可被复制的特性，一般存在于存储介质中。传统的纸质底稿难以满足数据资产相关资料存储的要求，使用电子化底稿更能满足数据资产价值评估的要求。各家评估机构都应该积极探索如何在满足准确要求的情况下将传统的纸质底稿转化为电子底稿以满足数据资产价值评估的需求。

5.4.2 数据资产价值评估方法

在数据资产的价值评估过程中，除了之前介绍的传统评估方法（如成本法、收益法和市场法）之外，随着技术的发展，数据价值评估技术也在不断创新和提升。以下是一些当前主流的数据资产价值评估方法。

1. 基于大数据分析的评估

大数据分析技术已成为现代数据资产价值评估的重要手段。通过分析大量的结构化和非结构化数据，能够揭示出数据资产背后的潜在价值。大数据分析技术的核心思想是从海量数据中提取有效信息，分析数据的内在联系，进而预测数据资产可能带来的经济效益。具体包括如下技术。

- **数据挖掘**：通过算法（如分类、聚类、关联规则分析等）对数据进行深入分析，识别出潜在的模式和关系。这些模式和关系能够帮助评估师更好地理解数据的商业价值，特别是那些潜在但尚未完全显现的价值。
- **数据流量分析**：通过对数据流量的监控和分析，评估数据资产在实际业务中产生的效益。比如，通过跟踪数据的使用频率、访问量和处理时间，可以分析出某些数据资产在业务流程中产生的实际效益，从而为其定价。
- **情境分析与预测建模**：通过对历史数据和市场情况的分析，结合机器学习和预测模型，评估数据资产在未来不同情境下可能带来的价值。这不仅能帮助估算数据资产未来收益，还能为决策者提供多场景下的数据使用方案。

2. 基于人工智能的评估

通过人工智能（AI）尤其是机器学习和深度学习，能够训练数据模型，自动学习数据的特征并进行价值预测。这些技术不仅能提升数据资产评估的效率，还能处理复杂的数据结构和多样的评估维度。

- **机器学习算法**：机器学习通过自我学习和训练，能够根据大量历史数据预测数据资产的未来价值。例如，使用回归模型、随机森林或神经网络模型来预测数据资产的未来收益，评估其市场潜力。
- **深度学习模型**：在处理非结构化数据（如文本、图像、音频等）时，深度学习模型（如卷积神经网络、循环神经网络等）能够自动从数据中提取特征，并评估其商业价值。对于社交媒体数据、用户行为数据等非结构化数据，深度学习能够识别其中的关键要素，从而更精确地评估数据资产的潜在价值。
- **自然语言处理（NLP）**：对于文本数据，NLP 技术能够分析数据中的情感、意图、主题和关键词，帮助评估师理解数据的质量、相关性以及市场需求。这对于评估文本数据资产（如社交媒体数据、客户反馈数据等）的价值尤为重要。

3. 区块链技术辅助评估

区块链技术能够确保数据的不可篡改性、透明性和可追溯性，这对数据资产的价值评估至关重要。利用区块链技术，可以有效解决数据共享和授权过程中的信任问题，从而提高数据评估的公正性和可靠性。

- 数据溯源与可验证性：通过区块链对数据资产的来源、所有权和使用历史进行溯源，可以提供数据的完整性证明。数据资产的价值不仅体现在数据本身，还体现在其透明、可验证的历史记录上，这对评估数据资产的历史价值、合法性和市场价值有重要作用。
- 智能合约：基于区块链的智能合约可以自动执行数据的授权、交换和交易过程，确保数据交易的安全性和合规性。这一技术使得数据交易更加公开透明，评估机构可以通过智能合约执行过程中的数据流转来判断数据的市场价值。

4. 基于数据质量的评估

数据质量直接影响数据资产的评估结果。高质量的数据资产具有更高的市场价值，因此对数据质量进行评估是数据资产价值评估中至关重要的一环。数据质量评估通常涉及以下几个维度。

- 数据准确性：数据是否真实、可靠，是否能够反映现实世界的真实情况。
- 数据完整性：数据是否包含足够的信息，是否存在缺失值或不完整数据。
- 数据一致性：不同数据源或不同系统之间的数据是否一致，是否存在冲突或不一致现象。
- 数据时效性：数据是否及时更新，是否能够反映当前的状态或趋势。

通过数据质量评估技术（如数据清洗工具、数据质量管理平台），可以量化和评估数据的质量，从而对数据资产的价值作出更为准确的判断。

第 6 章
数据资产入表

本章探讨数据资产入表的意义、实施路径、实施难点及审计要点。数据资产入表不仅能推动中国数字经济发展，提高数据定价话语权，还能激发企业数字化转型的活力，优化资本市场。数据资产入表的实施路径包括数据规划、盘点与确认，强调全面了解与管理数据资产，确保其合法性、质量和价值。数据资产入表还涉及数据合规、治理、价值评估与安全保障等多个环节。每个阶段的具体操作，如数据资产确认、成本计量和减值测试，都是长期有效管理数据资产的基础，最终可提升企业的竞争力和市场价值。

6.1 数据资产入表的意义

财政部通过《企业数据资源相关会计处理暂行规定》（以下简称《暂行规定》）要求企业将数据资源进行会计处理，并体现在企业的财务报表中。这打通了中国数字经济发展的最后一环，对中国经济发展具有前所未有的重大意义。

- **占领全球数字经济高地**。5G、AI（尤其是大模型）等新兴数字经济产业正在逐渐融入人们的日常生活，并且已经成为推动消费升级的重要力量。数据资产入表将清晰地反映我国数字经济发展的动向和产生的价值。通过宏观调控数据经济发展方向，有利于我国保持在全球数据经济中的优势地位。
- **提高数据定价话语权**。未来，数据作为第五生产要素，会面临定价权的问题。通过数据资产入表，我国可以积累海量的数据交易信息，建立数据定价模型。这有助于合理、公平地体现数据的价值，推动全球经济复苏，重塑经济格局。
- **改善人类生活水平**。经济发展的最终目的是提高人类生活质量。随着全球人口数量的减少，人口红利渐弱，技术红利增强。数据资产入表可以更好地展现数字经济在改善人们生活方面的作用，不仅有助于调整产业发展的方向，还能引导技术服务的发展。即使在未来人力资源短缺的情况下，仍然能够保证人们的生活质量不断提高。

上面是数据资产入表在宏观层面的意义，那么站在行业的角度，数据资产入表有什么意义呢？

- **对企业的意义**：无论是央国企还是民营企业都开始了数字化的布局。数据资产入表不仅可以发挥央国企引领中国经济发展方向的作用，还可以充分盘活央国企数据资产，体现我国数据资产的价值。央国企的数据资产入表是对国家数据经济发展的积极响应。对于民营企业而言，数据资产入表可以增厚企业资产，降低资产负债率，获得更好的信用评级，获得更多的资本青睐，缓解现金流压力，促进其健康发展。
- **对中介机构的意义**：数据资产入表的过程涉及 IT 工程师（数据梳理）、律师（合规确权）、评估师（价值评估）、会计师（会计处理）、税务师（税务处理）等多个专业角色。在完整的数据资产交易环节中，还会涉及数商、数据经纪人等机构。这些中介机构既可以从中获得利益，也可以为数据交易所提供很多支持服务和资源，对推动数据资产流通具有深远意义。

- 对金融的意义：通过分析已经公开的数据资产入表案例可以发现，大部分实施数据资产入表的企业都获得了金融机构的融资。数据作为第五生产要素，自然吸引了投资者的注意。数据资产入表之后，投资者可以通过查阅会计师出具的包含数据资产在内的财务报表，对目标企业的数据资产或企业价值进行评估，做出投资决策。这一过程不仅有助于加速数字经济的发展，还能为投资机构带来应有的利益。
- 对市场的意义：数据资产入表完善了资本市场体系，在促进数据要素市场化配置方面发挥了关键作用。通过纳入市场交易体系，数据资产激发了数据市场供需双方的积极性，推动了数据资产的自由流动与高效配置。这一变化有助于打破数据孤岛和垄断现象，促进数据资产的共享与开放，从而提升数据资产的整体利用效率。

6.2 数据资产入表的实施路径

数据资产入表应成为激活企业数字化转型和产业升级的钥匙，以及企业数据治理和数据安全规范化建设的驱动力。对此我们归纳出数据资产入表九步法，如图 6-1 所示。

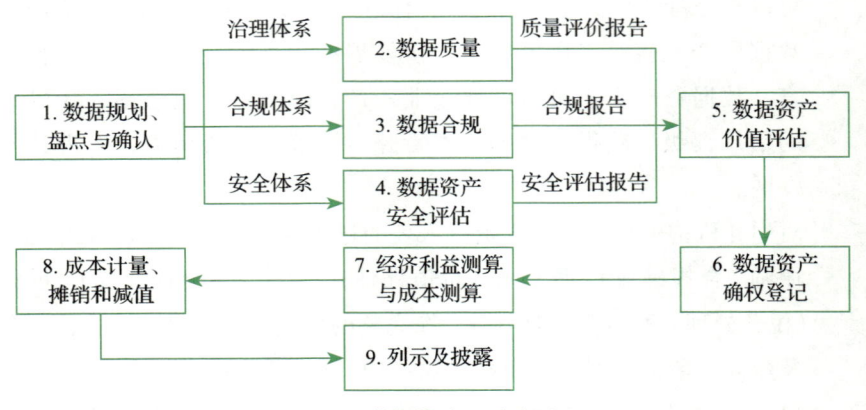

图 6-1 数据资产入表九步法

6.2.1 数据规划、盘点与确认

1. 数据规划

数据规划是数据资产化的起点，它为企业的整个数据管理过程提供战略指导。数据规划的核心目标是确保企业能够全面了解和利用其数据资源，最大化数据的商业价值和战略潜力。在数据规划阶段，企业不仅要评估现有数据资产的价值，还要考虑数据的长期使用方向与潜在用途。这一过程的关键是建立一个全面、系统的数据资源管理框架，为后续的数据合规、数据治理和数据安全打下坚实基础。

企业应当全面了解和评估其数据资产的价值及潜在用途。这不仅涉及数据的市场价值，还包括对数据在未来业务中应用前景的预测。例如，一些历史数据虽然目前并未被广泛利用，但通过大数据分析和机器学习技术，这些数据在未来可能提供全新的商业机会。企业应该通过市场分析、用户需求调研和技术发展趋势分析等，明确哪些数据可以成为核心资产，哪些数据可能被淘汰或重新利用。

此外，数据规划还需要识别和评估数据管理中的潜在风险，包括合规性风险（如数据隐私问题、数据存储与传输中的法律风险）、安全性风险（如数据泄露、外部攻击风险）及质量控制风险（如数据不准确、不完整等）。通过对这些风险的全面评估，企业能够提前识别和解决可能存在的问题，确保数据资源在可控范围内被管理。

企业在制订数据规划时，还需要明确数据战略的实施步骤。这包括搭建数据治理框架、确定数据管理的优先级、选择合适的数据技术平台、配置专门的数据管理团队等。数据规划的成功不仅取决于前期的理论分析，还需要在实际操作中充分调动各部门进行协作，形成一套适应企业发展需求的高效数据管理机制。

2. 数据盘点

数据盘点是数据资产化过程中至关重要的一步，其主要目的是全面了解企业所拥有的数据资源，并为后续的数据治理和价值评估奠定基础。通过数据盘点，企业能够全面识别和记录所有数据资产的存在状态、使用情况以及价值潜力，从而为数据的有效利用和管理提供清晰的指导。

数据盘点的流程通常包括数据的分类、整理、存储位置确认、使用频率统计、质量评估等。企业应在盘点阶段详细记录数据的来源、类型、存储方式、更新频率、使用频次等关键信息，逐步建立数据资源目录。该过程涉及的数据种类和数据量通常较大，高效地收集和管理这些信息是数据盘点成功的关键。企业可以借助先进的技术工具，如数据管理平台、自动化工具等，来实现数据的自动采集和分类，从而减少人工干预，提高盘点的效率和准确性。

在数据盘点的基础上，企业还应进行数据的分类和分级。基于敏感性、价值、使用频率等因素对数据进行分类，企业能够更精确地设计数据的管理策略。例如，企业可以将数据分为核心数据、辅助数据和非核心数据，并针对不同级别的数据采取不同的管理策略。同时，企业还应当对数据的质量进行评估，确保数据的完整性、准确性和时效性，从而为数据资产化提供坚实的基础。

3. 数据确认

数据确认是在数据资产化过程中对数据资源是否符合资产定义和标准进行判断的阶段。它是评估数据是否可以作为企业资产进行会计处理、资本化管理及商业价值实现的核心环节。数据确认不仅要评估数据的合法性、可识别性和可控制性，还需要考虑数据能否产生未来收益，是否符合成为数据资产的条件。

数据确认的首要任务是确认数据资源的合法性。这包括数据的来源是否符合相关法律法规的要求，是否已经获得必要的授权或许可。在很多情况下，企业拥有的数据可能来自多个渠道，包括内部、合作伙伴以及第三方等。对于这些数据，企业需要明确其所有权及使用范围，确保所有数据资源可在法律框架下合规使用，避免因数据合规性问题带来的法律风险。

数据确认还需要验证数据的可识别性和可控制性。数据作为一种无形资产，必须是明确且可控制的资源。例如，数据必须可以在技术上进行识别、追踪，并且企业能够对数据的存储、传输、使用等过程进行有效管理。对于那些无法明确归属或无法由企业内控管理的数据，通常不符合数据资产的标准。

数据确认还涉及评估数据的未来收益性。这一环节非常关键，因为它决定了数据是否能够在企业财务报表中以资产形式进行确认。企业需要通过市场分析、预测模型、数据利用情况等多种方式，评估数据在未来能够带来的潜在经济效益。如果数据被证明可以带来持续的商业价值或可以支撑核心业务，便可以作为正式的资产进行确认。

输出成果：企业级数据资源目录、数据现状评价报告、数据战略规划报告。

6.2.2 数据质量评价

在完成数据规划等步骤后，就要开始落实战略规划的具体举措了。此时需要重点关注数据质量、合规与安全等问题，构建数据治理、合规、安全三大体系。数据质量会影响数据资产评估，提升数据质量是提升数据资产估值的重要手段，而数据质量评价也是数据资产入表的重要前提。数据质量贯穿数据流通的所有环节，无论是数据资源化、数据资产化还是数据资本化，数据质量都是非常重要的标签。在数据资产入表的过程中，需要通过数据治理提升数据质量，并通过数据质量评价来评判数据质量，为后续数据资产价值评估等环节提供依据。相关指标可参考 4.2.3 节。

数据质量评价需要对企业数据资源的准确性、一致性、完整性、规范性、时效性和可访问性等进行评估，并出具报告。在经过数据治理与质量管理后，企业的数据质量得到有效提升，可以通过数据质量评价获得权威的第三方证明。这个证明可以作为数据资产入表的基础。以中国质量认证中心（CQC）

为例，数据产品质量评价的依据主要为 CQC9272—2023《数据产品质量评价技术规范》。该技术规范明确了数据质量的评价要求和过程，主要从数据产品质量和数据生产质量两个维度基于 12 个具体指标全面评价数据产品的质量。CQC 专家组会对数据进行综合评价，并根据不同的评价等级颁发相应的证书。

此外，数据产品质量评价具体实施依据为 CQC92-843003—2003《数据产品质量评价实施规则》。其中，数据产品质量评价模式为文件评审 + 数据评测 + 现场核查，具体环节包括评价申请、文件评审、数据评测、现场核查、评价结果的评定与批准。

数据标准化与整合是根据数据分类和质量评价情况，制定数据标准（包括数据格式、编码规则、数据字典等）的过程。最终，企业可以通过明确数据治理流程、梳理数据标准、形成数据血缘图谱等，建立起有效的数据治理体系。

输出成果：高质量数据资源、数据治理制度、数据质量评价证书或报告、数据标准。

6.2.3 数据合规

数据合规是数据资产入表的关键一步，企业需要建立一套完整的数据合规体系，明确数据合规策略，确保数据的来源、内容、处理、流通、管理、经营等满足国内外法规与行业监管要求，为数据确权提供法律意见。这一过程需要由具备数据合规评估资质的机构（如律师事务所）对数据进行全面审查，并出具数据合规法律意见书或报告。

数据来源合规，即核查数据是否满足《中华人民共和国网络安全法》《中华人民共和国数据安全法》《中华人民共和国个人信息保护法》（下文分别简称《网络安全法》《数据安全法》《个人信息保护法》）等法规对数据采集合规、使用目的明确、合理遵循合法正当、最小必要、告知同意等原则的要求，并进行数据溯源和证据留存。

数据内容合规核查包括以下步骤。

1）审查数据内容，确保不涉及个人身份信息、敏感信息、财产信息及企业的商业秘密信息。

2）依据版权法、商标法等相关规定，企业的数据不涉及著作权、商标权、专利权，避免侵犯知识产权。

3）数据不涉及政治、宗教、民族、色情、暴力等。

数据处理合规，即企业开展数据处理活动，应当遵守法律法规，尊重社会公德和伦理等，并在行业实践中履行数据安全保护义务，通过身份认证、访问控制、病毒防护、数据加密、数据脱敏、数据防泄露等手段，保证数据处理过程合规和安全。

数据流通合规核查，涉及场外、场内、国资无偿划转、数据资产赠予等方面的数据流通，需要对数据流通价值场景进行评价分析，包括数据资源的使用范围、使用场景，以及数据资源是否涉及跨境、数据资源应用对于企业的内在价值等。

数据管理合规在现行数据领域"三驾马车"中有明确要求：《网络安全法》要求网络运营者建立完善的网络运营保障体系；《数据安全法》要求企业开展数据处理活动时应当依照法律法规的要求，建立全流程数据安全管理制度，组织开展数据安全教育培训等；《个人信息保护法》要求企业制定内部管理制度和操作规程，对个人信息实行分类管理，定期对其处理个人信息的情况进行合规审计，事前进行个人信息保护影响评估等。

数据经营合规，首先是保障企业主体合规，包括营业执照、纳税情况、财审报告、资产负债情况、企业信用情况、资质证明文件、公司涉诉案例等。其次是保障不同行业的行政许可合规，包括电信行业、医药行业、建筑行业等。最后，考察经营主体的风险事件评级、处置流程和回报机制等。

数据交易合规是为了解决数据产品在特定交易场景下的授权使用范围限

制问题，如同菜刀是合法的，使用菜刀做菜也是合法的，但是菜刀还可以用于其他违法用途。因此，在数据产品交易流通过程中，必须严格限定其用途，从而有效控制数据安全风险。

输出成果：合规政策手册、合规培训资料、数据合规制度、数据合规审查意见书、数据合规性改进计划。

6.2.4 数据资产安全评估

数据安全制度是指为了保护组织内部数据安全而建立的一系列规章制度和政策，包括数据/个人信息处理管理制度、数据产品开发隐私保护与合规审查制度、数据分级分类制度、数据访问控制策略、数据加密策略、数据备份和恢复制度、安全培训制度、数据安全合规审计/个人信息保护合规审计制度等。中国质量认证中心（CQC）提供数据资产安全风险评估、数据分类分级保护评价、数据安全成熟度认证等数据安全制度的认证服务。

数据安全技术是指为了保护数据在生产、传输、存储、流通等全生命周期中的机密性、完整性而采取的各种技术手段和工具，包括数据安全加密技术、数据安全访问控制技术、数据安全通信技术、数据安全共享和脱敏技术、数据安全审计和监控技术等。

需要从物理安全、网络安全、应用安全、系统安全、数据安全、终端安全等方面建立数据安全策略和安全防护机制，确保数据隐私、数据加密、访问控制、身份认证和备份恢复等机制有效落实，并向相关人员或企业推荐适用的数据安全产品和工具。

输出成果：数据安全制度、数据分类分级保护评价报告、数据安全培训资料。

6.2.5 数据资产价值评估

数据质量评价与数据资产价值评估是企业数字化转型的基石。前者确保数据的准确性和可靠性，提升决策效能，优化业务流程，增强客户满意度与合规性；后者量化数据资产的价值，优化资源配置，帮助企业吸引投资者，推动完善战略规划与风险管理。二者共同驱动企业创新与竞争力提升，实现可持续的数字化增长。

数据资产的计量是指根据数据资产的价值来源和影响因素等进行分析，通过专业的方法和技术，对数据资产的价值进行量化和表达的过程。数据资产的价值来源包括内在价值（如数据的质量、稀缺性、独特性）和外在价值（如数据的使用价值、交易价值、社会价值等，这是需要依托其他要素才可产生的价值）。数据资产的计量方法包括成本法、收益法、市场法、综合法等。数据资产的计量技术包括数据挖掘、数据分析、数据可视化、数据加密等。

数据资产价值评估是数据资产入表的关键步骤，需要在数据质量评价的基础上进行。《数据资产评估指导意见》第十九条给出了收益法、成本法和市场法这三种数据资产价值评估方法。当前多数企业使用成本法进行计量，尽管这种方法对数据资产的估值较低，但可以进行成本溯源。由于《数据资产评估指导意见》第十六条指出，需要关注影响数据资产价值的成本因素、场景因素、市场因素和质量因素，因此，数据质量评价报告先于数据资产价值评估出具。数据资产价值评估报告由第三方专业机构出具更具有独立性和公信力。

由于不同行业具有不同的属性和业务特点，因此在选择估值方法时可参考表 6-1。

表 6-1 不同行业的数据资产估值方法

序号	行业	估值方法	备注
1	电力行业	成本法	根据历史成本进行评估
2	旅游行业	收益法	（1）评估对象的未来收益可合理预期并用货币计量 （2）预期收益所对应的风险能够度量 （3）预期收益期限能够确定或合理预期
3	海关数据服务行业	成本法	根据历史成本进行评估
4	国际贸易行业	收益法	（1）评估对象的未来收益可合理预期并用货币计量 （2）预期收益所对应的风险能够度量 （3）预期收益期限能够确定或合理预期

（续）

序号	行业	估值方法	备注
5	农业行业	成本法、收益法	—
6	能源行业	成本法	根据历史成本进行评估

输出成果：数据资产价值评估报告、数据资产价值流图。

实践小贴士：用收益法估算数据资产价值的具体实践（以互联网企业为例）

企业可以选择收益法对数据资产所能带来的经济利益进行测算，收益法相关计算模型以及理论基础皆已较为完备，具有很高的可行性，还可结合自由现金流量折现模型。

以互联网企业为例。对互联网企业的数据资产价值进行评估，可以采用收益法中的双阶段估值模型。第一阶段为快速增长期，也称预测期，通过对企业过去 5 年的财务数据进行分析计算得到企业增长率，再结合增长率对未来 5 年的经营情况进行预测；第二阶段为稳定增长期，又称永续期，需要综合行业发展情况确定增长率。

评估前需要先确定评估基准日，再基于评估基准日预估第一阶段的自由现金流量。该过程必须分别对各年度的税后净营业收益、固定资产折旧与摊销金额、资本性支出额度以及营运资金变动额度进行独立预测，然后基于上述算出的折现率，将第一阶段内的价值折算为评估基准日时点的价值。

第二阶段代表企业进入了稳健成长时期，需结合宏观经济状况评估企业价值。当前我国经济已从高速发展模式成功转型为高质量发展模式，预期在未来一段时间内，我国 GDP 增速将持续呈现放缓趋势。基于此可推断出，在第二阶段设定平稳增长时期的增长率为 3.5% ～ 4% 较为妥当，具体视情况而定。

通过上述计算可求得企业第一阶段和第二阶段的价值，二者相加即可得到企业现有的价值。通常情况下，该结果与基于企业财务报表所载数据计算得到的数据有差异，这种差异可归结为企业潜在差异。估算出企业现有价值的总数后，可运用群体决策层级分析法来确定数据资产在企业整体价值中的权重，最终求得数据资产的具体价值。

6.2.6 数据资产确权登记

数据合规工作结束后，需要进行数据资产确权。我国采取的是"数据三权分置"的制度。这种制度既鼓励了数据的开放共享和创新利用，又保障了数据权益的合理分配和有效保护，是当前我国数据确权领域的重要探索和实践成果。

数据资产登记是指依据数据资产认定原则，认定数据资源可纳入数据资产的范围，并将数据资产记录在数据资产目录中的过程。企业需在数据资产服务平台上进行登记确权，并获取凭证，如"数据产品登记证书""数据产品挂牌证书""数据资产登记证书"等，凭证的获取不仅有利于保护企业的数据资产权益，还可提升数据资产在市场上的认可度和交易价值。登记时需慎重选择登记平台，要充分考虑其安全性、公信力、功能性等。提交数据资产信息时，需要确保信息的完整性，包括数据资产的类型、数量、所有权证明等关键信息，以便验证数据资产的真实性和合法性；同时还需要确保用户信息的机密性和安全性，防止信息泄露和滥用。

数据资源持有权，在"数据二十条"中更偏向于认同数据主体对数据资源占有、持有的合法性，从行业实践来看，这主要体现在自主管理权、数据流转权和数据持有限制方面。数据资源登记正是数据资源持有权的关键确权途径。

数据加工使用权，即数据处理者对数据进行加工使用的权利，强调数据采集、加工等处理者的使用收益权，这种权利可能来源于法律规定或合同约定。"数据二十条"明确了数据加工者对于原始数据加工之后的使用权，允许其可以通过使用获得收益，从而激励市场主体进行数据挖掘、数据分析、开发数字衍生产品等价值创造活动。由于数据加工使用权是一种灵活的、有限的"防御性权利",故不能作为资产性权益,登记机构也无须颁发确权凭证。但企业加工使用数据的过程,可以作为企业登记取得数据产品经营权的重要依据。

数据产品经营权是指运营商对其开发的数据产品进行运营、支配、交易和取得收益的权利,本质上是对数据产品的支配权。数据产品经营包括自主经营和授权他人使用两种模式。各地政府的实践操作规范对数据产品的要求较高,要求必须是投入"实质性加工和创新性劳动"后所形成的产品。

输出成果:数据确权审查报告、数据存证登记证书。

6.2.7 经济利益测算与成本测算

经济利益测算需要进行数据预期价值分析,企业可结合数据资源分类、业务交互需求和应用场景,开展数据资源的经济价值衡量和预测分析。主要流程为:根据业务需求,构建数据模型,从大量数据中提取有价值的信息和洞察,进行市场和预期经济利益分析,出具《数据资产入表立项报告》,论证数据资产入表的可行性,并通过企业内部立项流程审批。其中,数据价值主要包括当前价值、隐性价值和预期价值。当前价值指的是数据资产在当前时间点上能够直接带来的经济利益或非经济利益;隐性价值指的是数据资产中未被充分开发或尚未显现出来的潜在价值;预期价值指的是数据资产在长远时间内可能产生的价值,通常与技术创新、市场发展和商业模式创新有关。

成本测算是指对数据资产形成过程中所涉各项成本进行估算和计算的过程。企业在满足数据资源的来源符合规定、产权界定清晰、预期经济利益流入可能性较大这三个前提条件下,面临的财务问题主要集中在成本的可靠计量上。企业的数据资产成本主要包括数据资产采购成本、数据资产过程治理分析成本、数据资产管理成本等。

输出成果:经济利益测算报告、成本测算报告。

6.2.8 成本计量、摊销和减值

数据资产入表是数字经济时代企业资产管理的关键环节，主要涉及表 6-2 所示内容。

表 6-2 《暂行规定》中确认与计量的主要内容

	数据资源无形资产	数据资源存货	其他数据资源
确认	符合《企业会计准则第 6 号——无形资产》（简称 CAS6）规定的无形资产定义和确认条件	符合《企业会计准则第 1 号——存货》（简称 CAS1）规定的存货定义和确认条件	合法拥有或控制的预期会给企业带来经济利益但不满足企业会计准则相关资产确认条件而未被确认为资产的数据资源
初始计量 外购	成本=购买价款+相关税费+直接归属于使该项资产达到预定用途所发生的费用（数据脱敏、清洗、整合、分析等加工过程所发生支出和数据权属鉴证费、登记结算费、安全管理费等） 不符合无形资产定义和确认条件的相关支出计入当期损益	成本=购买价款+相关税费+保险费+所发生的其他可归属于存货采购成本的费用（数据权属鉴证费、质量评估费、登记结算费、安全管理费等）	
初始计量 加工/研发	满足 CAS6 第九条规定的有关条件确认为无形资产的开发阶段支出 研究阶段支出及开发阶段的其他支出于发生时计入当期损益	成本=采购成本+加工成本（数据采集、脱敏、清洗、整合、分析等产生的成本）+使存货达到目前场所和状态所发生的其他支出	
后续计量	无形资产的摊销金额计入当期损益或相关资产成本，同时确认相关收入 计提减值准备	计提存货跌价准备及其转回	
终止确认	处置和报废适用 CAS6 的规定，确认处置损益或予以转销	出售存货，成本结转为当期损益；同时确认相关收入	出售其他数据资源，确认相关收入

对表 6-2 中的内容说明如下。

1）数据预期价值分析：确保数据资产的潜在效益得到准确评估。
2）数据资产形态设计：明确数据的分类、分级与资产属性，准确分析数据资产以不同形态出现的价值和意义。

3）合理的成本计量：精准核算数据获取、处理与维护的成本，优化资源配置。

4）成本归集与分摊：对于作为无形资产的数据资产，根据其预期使用寿命进行摊销，将成本分摊到各个会计期间，以反映数据资产的使用和价值消耗。

在数据资产被初始确认之后，企业还需要根据会计准则对其进行后续计量，这可能包括对数据资产进行定期的增减值测试，以确保其账面价值不会高于可回收金额。如果数据资产的可回收金额低于其账面价值，企业需要计提相应的减值准备。

数据资产形态设计是指在进行数据确认、盘点、合规、成本测算后，依据会计准则，对数据资源进行分类。数据资源的分类依据其用途和性质进行，常见的分类包括但不限于无形资产、存货、其他数据资源等。

数据资产成本包括数据资产采购、治理、管理等过程中产生的成本。数据资产采购成本是企业为获取外部数据资源所支付的费用（含权属鉴证、质量评估、登记结算等过程中产生的费用），其计量需要遵循完全成本原则，即确保所有可归属于该资产的对价总和都被准确计量；数据资产的过程治理分析成本涵盖了数据采集、脱敏、清洗等一系列活动产生的成本，计量时需要确保各项成本都被准确记录；数据资产管理成本包括在数据资产形成过程中，因确保合规性、产权清晰、估值准确以及数交所资产登记等而支付的费用（通常涉及第三方机构提供的专业服务费，如合规咨询、产权登记、价值评估等费用），企业需要确保与第三方机构之间的合作关系清晰明确，费用支付及时准确。

数据资产的成本归集与分摊是会计处理的关键环节。企业需要建立统一且合理的成本归集与分摊机制，明确直接成本和间接成本的划分，以确保成本的准确计量和合理分配。在成本分摊方面，企业需要选择客观合理的方法对业务运营成本与数据产生成本进行分摊。这可能涉及对各项成本进行量化分析，以确定它们在数据资源成本中的占比。同时，企业还需要注意防止成本费用的重复计入，确保数据资源成本的完整性和准确性。对于在企业内部生产、经营、管理等活动中生成的数据资源，其成本归集与分摊需要利用数据血缘管理工具来理清数据价值形成过程中涉及的所有组织、人员、系统。

数据资产的增减值测试是确保企业财务健康的关键环节，涉及对数据资产价值波动的持续监控和评估。增减值测试的步骤通常包括：识别增减值迹象，计算可回收金额，预测未来现金流量，选择适当的折现率，比较账面价值与可回收金额，会计处理。

输出成果：数据资产负债表。

实践小贴士：关于数据资产入表的相关会计分录（仅供参考）

1）通过外部采购获取数据资产

借方：无形资产——数据资源——购置

贷方：银行存款等相关账户科目

2）自行研发产生数据资源，涉及数据采集相关费用支出

借方：无形资产——数据资源——内部研发

贷方：银行存款等资金来源

3）自主研发阶段产生的各类研发开销

借方：研发支出——数据资产研发支出——费用化支出（资本化支出）

贷方：银行存款、应付职工薪酬等科目

4）将已计入当期费用的研发支出转移至管理费用科目中

借方：管理费用

贷方：研发支出——数据资产研发支出——费用化支出

5）研发工作顺利完成且达到可实际应用状态之际

借方：无形资产——数据资产

贷方：研发支出——数据资产研发支出——资本化支出

6.2.9 列示及披露

企业依据上述入表流程进行数据资源判断，拟定入表范围，归集相应的凭据，按照《暂行规定》准则和要求实际操作，将数据资源的价值体现在企业的财务报表中，完成数据资产入表，将数据资源作为企业的一项资产进行管理和会计处理，如表 6-3 所示。

表 6-3 《暂行规定》列示与披露的主要内容

		数据资源无形资产	数据资源存货	其他数据资源
列示		在"存货"项目下增设"其中：数据资源"项目，反映其期末账面价值 在"无形资产"项目下增设"其中：数据资源"项目，反映其期末账面价值 在"开发支出"项目下增设"其中：数据资源"项目，反映满足资本化条件的数据资源开发支出金额		
披露	强制披露	（1）使用寿命有限：使用寿命的估计情况及摊销方法 （2）使用寿命不确定：资产账面价值及使用寿命不确定的判断依据 （3）对摊销期、摊销方法或残值的变更内容、原因以及对当期和未来期间的影响数 （4）计入当期损益和无形资产数据资源研发支出金额 （5）与资产减值有关的信息等	（1）确定发出存货成本所采用的方法 （2）可变现净值的确定依据 （3）跌价准备的计提方法 （4）当期计提的存货跌价准备的金额 （5）当期转回的存货跌价准备的金额 （6）计提和转回的有关情况等	
		（1）按照外购、自行开发等类别，披露资产相关会计信息，并基于此据实拆分类别 （2）重要单项资产的内容、账面价值、（无形资产）剩余摊销期限、（存货）可变现净值 （3）所有/使用权受限、用于担保的资产账面价值、（无形资产）当期摊销额等情况 （4）评估数据资源且结果对财报具有重要影响的信息：评估依据的信息来源，评估结论成立的假设前提和限制条件，评估方法的选择，各重要参数的来源、分析、比较与测算过程等		
	自愿披露	（1）数据资源的应用场景或业务模式、对企业创造价值的影响方式，与应用场景相关的宏观经济和行业领域前景等 （2）用于形成相关数据资源的原始数据的类型、规模、来源、权属、质量等信息 （3）对数据资源的加工维护和安全保护情况，以及相关人才、关键技术等的持有和投入情况		

（续）

		数据资源无形资产	数据资源存货	其他数据资源
披露	自愿披露	（4）应用情况（包括相关产品或服务等的运营应用、作价出资、流通交易、服务计费方式等情况） （5）重大交易事项中涉及的资源对其影响及风险分析 （6）相关权利的失效情况及失效事由、对企业的影响及风险分析等 （7）数据资源转让、许可或应用所涉及的地域限制、领域限制及法律法规限制等		

列示是指在财务报告中，将报表中的具体项目或内容以清晰、简明的方式展示出来。可根据数据资源的类型、性质、用途等，确定数据资源的分类和分组，选择数据资源的列示方式和列示位置。

披露主要采取"强制披露+自愿披露"的方式，企业可根据实际情况，对数据资源的应用场景或业务模式、对企业创造价值的影响方式、与数据资源应用场景相关的宏观经济和行业领域前景等相关信息进行自愿披露。依据《暂行规定》，数据资产披露需要包括无形资产、存货，以及其他满足披露要求的内容。

数据资产的列示与披露是数据资产入表中的最后一个环节，它涉及将数据资产按照会计准则的要求，在财务报表中正确地体现和说明。自从《暂行规定》出台后，企业有了明确的指导原则，可以将符合条件的数据资产在资产负债表中列示，并在附注中进行详细披露。

企业应根据《企业会计准则》及相关规定，对确认为无形资产的数据资源进行披露。具体披露内容如表6-4所示。

表6-4 确认为"无形资产"的数据资源披露内容

序号	披露内容	具体要求
1	披露主体使用的数据资源	按外购、自行开发、其他方式取得的无形资产类别分别披露期初、期末余额及变动情况，披露期初、期末的账面价值、分类、初次计量方法、后续计量方法、摊销或使用年限、累计摊销或摊耗、减值准备等
2	使用寿命有限的数据资源无形资产	披露使用寿命估计情况和摊销方法

（续）

序号	披露内容	具体要求
3	使用寿命不确定的数据资源无形资产	披露账面价值和使用寿命不确定的判断依据
4	摊销期、摊销方法，或残值的变更内容、原因及影响	依照《企业会计准则第28号——会计政策、会计估计变更和差错更正》（财会〔2006〕3号）的相关规定，对数据资源无形资产的摊销期、摊销方法或残值的变更内容、原因以及该资产当期和未来期间的影响数进行披露，并对其内容进行必要的说明
5	具有重要影响的单项数据资源无形资产	遵循重要性原则披露对企业财务报表具有重要影响的单项数据资源无形资产的内容、账面价值和剩余摊销期限
6	其他数据资源无形资产	披露所有权或使用权受到限制的数据资源无形资产以及用于担保的数据资源无形资产的账面价值、当期摊销额等情况
7	研发支出分配	根据数据资源无形资产的形成过程披露数据资源研究开发支出计入当期损益和确认为无形资产的金额
8	减值相关信息	根据《企业会计准则第8号——资产减值》等规定，披露与数据资源无形资产减值有关的信息
9	持有待售数据资源无形资产	根据《企业会计准则第42号——持有待售的非流动资产、处置组和终止经营》等规定，披露划分为持有待售类别的数据资源无形资产有关信息

确认为"存货"的数据资源相关信息强制披露，企业应按照财务会计准则和相关规定，对确认为存货的数据资源进行披露。具体披露内容如表6-5所示。

表6-5 确认为"存货"的数据资源披露内容

序号	披露内容	具体要求
1	披露主体使用的数据资源	按外购、自行加工、其他方式取得的数据资源存货类别分别披露期初、期末余额及变动情况，披露期初、期末的账面价值、分类、初次计量方法、后续计量方法、摊销或使用年限、累计摊销或摊耗、减值准备等
2	类别、成本及发出方法	披露主要的存货类别及其相应金额、数据资源存货成本的发出方法
3	确认依据、计提方法、计提转回情况	披露数据资源存货可变现净值的确认依据、存货跌价准备的计提方法、当期计提和转回存货跌价准备的金额以及计提和转回的有关情况
4	具有重要影响的单项数据资源存货	遵循重要性原则披露对企业财务报表具有重要影响的单项数据资源存货的内容、账面价值和可变现净值
5	其他数据资源存货	披露所有权或使用权受到限制的数据资源存货以及用于担保的数据资源存货，以及用于担保的数据资源存货的账面价值等情况

企业对数据资源进行评估且评估结果对企业财务报表具有重要影响的，应当披露评估依据的信息来源、评估结论成立的假设前提和限制条件、评估方法的选择，以及各重要参数的来源、分析、比较与测算过程等信息。

输出成果：资产负债表、会计政策优化。

6.3 数据资产入表的实施难点

2022年12月，中共中央、国务院印发《关于构建数据基础制度更好发挥数据要素作用的意见》，强调"三权分置"的数据产权制度。2023年8月，财政部印发《企业数据资源相关会计处理暂行规定》，标志着数据正式成为资产并可会计计量。2023年9月，中国数据资产评估协会发布《数据资产评估指导意见》，意味着数据资产评估第一部相关行业规范性指导意见诞生。2023年12月31日，国家数据局等17部门联合印发《"数据要素×"三年行动计划（2024—2026年）》，旨在充分发挥数据要素乘数效应，赋能经济社会发展。2024年2月5日，财政部向党中央有关部门，国务院各部委、各直属机构等有关中央管理企业，发布《关于加强行政事业单位数据资产管理的通知》，旨在加强行政事业单位的数据资产管理，明晰管理责任，规范管理行为，确保数据安全。2024年12月19日，财政部印发的《数据资产全过程管理试点方案》围绕数据资产台账编制、登记、授权运营、收益分配、交易流通等重点环节，试点探索有效的数据资产管理模式，完善数据资产管理制度标准体系和运行机制。

在地方层面，广东省、贵州省、江苏省等地发布地方标准，例如广东省发布了《2024年广东省数字经济工作要点》和《广东省数据资产合规登记规则（试行）》等，重点推进数据要素市场化配置改革。江苏省印发了《关于推进数据基础制度建设更好发挥数据要素作用的实施意见》，目标是到2030年建成运行高效、安全有序的数据要素市场。尽管在国家层面出台了相关政策，但在落地过程中仍旧存在难点。

1. 数据质量评价难题

数据资产入表领域目前面临着诸多难题，特别是在数据质量评价的权威性和公正性方面。

当前，数据质量评价主要由各大科技公司自行承担，这些公司往往基于自身的技术标准和业务需求对数据进行处理和分析。然而，这种"自给自足"的评价模式存在明显的局限性。

首先，由于各公司之间的技术差异和业务需求不同，数据质量评价标准难以统一，导致不同公司之间的数据质量评价结果可能存在较大差异。其次，科技公司作为数据的主要生产者和使用者，其数据质量评价结果的客观性和公正性难以得到保证，容易引发外界对数据质量的质疑和争议。

另外，企业自身还可能存在数据质量差及完整性欠缺的问题。正处于数字化转型攻坚阶段的企业，对于数据的收储质量不够重视，这会极大地影响后续的数据资产化运营阶段，直接降低数据的价值，使数据无法为企业带来应有的潜在收益。

为了解决这一难题，需要引入具有权威性和公正性的第三方机构来参与数据质量评价。企业可以参考已颁布或拟实施的国家标准或地方标准，例如中国机械工业联合会主管的《生产过程质量数据采集系统 性能评估与校准》、国家标准委发布的《资产管理信息化 数据质量管理要求》、黑龙江省市场监督管理局主管的《网络数据质量管理规范》、北京市市场监督管理局主管的《政务数据质量评估规范》等。

2. 数据存证登记难题

数据存证登记确保了数据来源可追溯、内容可验证，为数据的后续使用提供了坚实的法律基础。然而，在当前的实践中，数据存证登记面临着登记标准不一的难题。

由于不同行业、不同企业甚至不同部门之间的数据标准和业务需求存在差异，导致数据存证登记的格式、内容和要求各不相同。这种缺乏统一标准的情况，不仅增加了数据存证登记的复杂性和难度，也降低了数据的互认性和共享性，使得数据资源难以得到充分利用。

目前，国家正在起草《资产管理 数据资产登记指南》，2024 年 8 月 23 日下达标准计划，预计 18 个月内完成并实施。地方层面已经率先进行试点，如广州市市场监督管理局在 2024 年 12 月 31 日归口上报的《互联网金融电子数据存证规范》、广西壮族自治区 2024 年 2 月 1 日实施的《基于区块链的数据存证技术规范》等。企业应根据自身所在地市场监督管理局的相关规定，准确登记数据存证，并且注意政策发展变化，及时调整上交的材料。

3. 数据分类分级难题

随着数据泄露事件的频发，数据安全和隐私风险成为一个不容忽视的问题。许多企业对数据安全和隐私风险并未建立完善的保护机制，缺乏有效的安全管理策略和应急响应机制。其中，数据分类分级是一项复杂而关键的任务，它直接关系到数据的有效利用、安全保护以及合规性。然而，在实际操作中，数据分类分级却面临着诸多难题。

数据分类的标准选择是一个大挑战。由于数据类型繁多，且每种数据都可能具有多重属性，如何选择一个合适的分类标准，既能全面反映数据的特性，又能满足业务需求和法规要求，成为摆在数据管理者面前的一大难题。在法规要求层面，企业可以根据《网络数据安全管理条例》及相关解读，将数据按照对国家安全、公共利益或个人、组织合法权益的影响和重要程度进行划分。在业务需求方面，企业可以根据业务属性对数据进行细分，例如根据数据用途，可以将数据划分为营销数据、技术数据；按照描述对象，可将数据划分为用户数据、经营管理数据等。

此外，数据分类分级还面临着数据一致性的问题。在大型组织或跨部门合作中，如何确保不同部门、不同团队之间的数据分类标准一致，成为一个重要的议题。不一致的分类标准不仅会导致数据管理的混乱，还可能影响数据的共享和利用。

4. 成本归集与分摊难题

企业在进行数据资产化时，必须科学规划业务流程，并规范成本核算规则及佐证材料。然而，在数据资产入表过程中，成本归集面临显著挑战，这主要体现在如何有效识别和合理分配数据资产的成本上。由于数据资产具有特殊性，成本计算和分摊方式与传统固定资产和无形资产存在显著差异。

数据资源的成本构成是多元的，它不仅涵盖了在外部采购过程中产生的购买费用和相关税费，还可能涉及数据合规性成本、管理成本、所有权验证费用、注册费用，以及需要分摊的间接费用等。数据资源的一个显著特性是伴生性，这使得如何合理分配成本，以确保数据资源成本的全面性，成为当前实践中的一个难题。在对数据资源的成本进行归集和分摊时，企业在业务运作中产生的成本与数据生成成本之间往往难以划清界限。

首先，数据资产的成本构成复杂多样。数据资产的获取、处理、存储、分析和应用等各个环节都可能产生成本，这些成本可能包括硬件设备购置费、软件开发费、网络维护费、人员工资、培训费用等。这些成本不仅种类繁多，而且分散在各个部门和业务流程中，使得成本的有效归集变得困难。

其次，数据资产的成本难以准确计量。与传统资产相比，数据资产具有无形性、可复制性和易变性等特点，这使得其成本难以通过传统的计量方法进行准确计量。例如，数据资产的获取成本可能包括从多个来源收集数据的费用，而这些数据的价值和质量可能存在较大差异，难以用统一的标准进行衡量。企业也很难判断数据产品的使用寿命，企业需要合理判断数据资产的摊销年限，选择适当的摊销方法，并定期开展减值测试，存货也需要做好跌价准备。

再者，数据资产的成本分摊存在困难。由于数据资产的使用具有共享性和流动性，同一数据资产可能被多个部门或项目同时使用，这就使得成本的分摊变得困难。传统的成本分摊方法，如按使用量分摊或按人头分摊等，可能无法准确反映数据资产的实际使用情况，从而导致成本分摊的不合理。

此外，数据资产的成本归集还受到企业内部管理和制度的影响。一些企业可能缺乏完善的数据管理制度和成本核算体系，导致数据资产的成本无法得到有效归集。例如，一些企业没有建立专门的数据管理部门或团队，导致数据资产的管理和成本核算分散在各个部门中，难以形成统一的管理和核算体系。

5. 数据确权与合规难题

在数据资产化过程中，数据确权和数据合规是两个关键问题，其复杂性源于数据资产本身的特性以及外部环境的多变性。数据权属问题是当前数据资产化运营面临的一个重要挑战。与传统实物资产不同，数据资产的边界模糊，数据确权涉及持有权、加工使用权、产品运营权的界定，而数据合规则涉及数据在采集、存储、处理、使用、传输、销毁等过程中的合规性。在实际操作中，企业可能面临难以确定数据权属和保证数据合规的问题，特别是涉及用户个人数据、多主体数据集或公开数据时，其归属权和使用权往往难以界定。若尚未厘清数据产权，无法保障数据合规，则可能引发法律风险。

（1）数据权属问题

由于数据的来源和归属关系复杂多样，导致数据权属难以明确界定。这不仅影响了数据资产的流通和交易，也增加了数据资产运营的风险和不确定性。因为预期经济利益流入论证困难，所以企业需要建立一套数据资产辨析准则，统一数据资产入表标准。

数据的可复制性和易传播性是导致评估权属和合规性困难的首要因素。与传统资产不同，数据资产一旦被创建，就可以无损耗地被复制和传播，这使得确定数据的原始来源和所有权变得极为困难。此外，数据资产来源的多样性也增加了评估的复杂性。企业的数据可能来源于内部业务活动、外部合作伙伴、公共数据集或通过第三方购买，每种来源的数据都可能涉及不同的合规要求和权属问题。

（2）数据合规问题

企业在采集数据时必须确保其方式符合法律法规，非法采集的数据不仅权属不明确，还可能带来法律风险。同时，数据的使用权限也需要明确界定，包括数据的使用范围、使用目的和使用期限等。这些权限的界定对于确保数据的合规使用至关重要。

个人隐私保护也是不可忽视的方面。数据资产中可能包含个人身份信息，企业在处理这类数据时必须遵守相关的数据保护法规。

持续的合规监控是确保数据资产权属和合规性的关键。合规性不是一次性的检查，而是一个持续的过程。企业需要持续监控数据资产的合规性，以应对法规的变化和新的合规要求。此外，跨部门协作的挑战也不容忽视。合规性评估通常需要法务、IT、数据管理等多个部门的协作，这需要有效沟通和协调机制。

6. 数据资产价值评估难题

自《暂行规定》出台以来，数据资产的会计处理和估值问题受到了广泛关注。数据资产的价值评估是数据资源入表的关键环节。然而，在实际操作中，企业可能面临难以确定数据价值的问题。数据资产的价值评估不仅需要考虑数据的数量、质量、类型、稀缺性、可用性等因素，还需要考虑数据的应用场景、业务价值、市场潜力等因素。尽管已有多个较为完善的数据资产估值方法与模型被提出，但市场上尚无统一的数据资产估值方法和标准，数据资产评估价值与实际市场价格不匹配的问题仍然存在。这种不匹配可能由多种因素引起。

（1）评估方法的局限性

传统的资产评估方法，如成本法、市场法和收益法，是依据资产的过去成本、市场交易价格或预期收益来估算资产价值的。然而，这些方法在应用于数据资产时面临挑战。数据资产的生命周期、使用方式和价值创造过程与有形资产截然不同，这导致传统评估方法难以准确反映其价值。例如，成本法可能忽略了数据资产的潜在市场价值，而市场法和收益法可能因缺乏可比交易或预测模型的不确定性而受到影响。

（2）市场动态的快速变化

数据资产的价值高度依赖市场条件，包括技术进步、消费者行为、竞争格局等。这些因素的快速变化可能导致市场价格迅速波动，而评估模型往往基于静态或历史数据，难以及时适应市场的最新变化。此外，数据资产的新颖性和独特性也使得市场参与者对数据价值难以形成共识，增加了评估的不确定性。

（3）数据资产的无形性和独特性

数据资产的无形性意味着它们没有物理形态，其价值主要体现在使用过程中。数据资产的独特性在于它们可以被无限复制和重复使用，而不会像有形资产那样因使用而损耗。这种特性使得数据资产的价值难以量化，评估时难以确定其真实价值。

（4）专业评估人才的缺乏

数据资产评估是一个高度专业化的领域，需要评估人员具备跨学科的知识和技能，包括数据科学、经济学、法律和会计等。目前，具备这些能力的评估人才相对匮乏，导致评估结果可能缺乏准确性和可靠性。

（5）法律和监管环境的影响

不同地区的法律和监管环境对数据资产的流通和使用有不同的限制，这可能影响数据资产的评估价值。例如，数据保护法规可能限制数据的跨境流动，从而影响其全球市场价值。此外，知识产权法律的不确定性也可能影响数据资产的价值评估。

（6）市场认知和预期的差异

市场参与者对数据资产的认知和预期差异可能导致评估价值与市场价格的不匹配。投资者和企业对数据资产的潜在价值和风险有不同的看法，这在市场交易中可能导致价格波动。此外，市场情绪和投机行为也可能影响数据资产的市场价格，导致市场价格与基于基本面的评估价值产生偏差。

7. 数据资源范围确认难题

《暂行规定》要求企业根据数据资源的持有目的、形成方式、业务模式等因素，对数据相关交易和事项进行会计确认、计量和报告。然而，在实际操作中，在入账方式、计量基础、摊销或折旧，以及减值处理、残值评估等方面缺乏明确、统一的标准，企业可能面临难以界定数据资源的确认范围和会计处理适用准则的问题。此外，对于不同类型的数据资源可能需要不同的确认和计量方法，当前的会计制度和准则对数据资产入表的规定还不够完善和细致，这导致在实际操作中容易引发争议或带来不确定性。

8. 数据资产管理审计难题

数据资产入表对企业的数据资产管理和运营能力提出了更高的要求。企业需要建立健全的数据资产管理机制，明确数据资产的权责关系，提高数据资产的利用效率。然而，目前许多企业在数据资产管理方面存在不足，缺乏技术实力和经验，难以构建完整的数据资产管理框架，例如，存在缺乏统一的数据资产管理制度、数据质量不高、数据治理能力不足等问题。做好数据治理和数据质量管理是提高数据价值的重要手段，若数据持有方未很好地治理数据，在数据质量管理上缺乏经验，则会严重影响对高价值数据的识别、评估以及报告显现。以上这些问题将导致数据资产的价值无法得到充分发挥。

随着数据资产入表的推进，对数据资产进行监管和审计成为一个新的挑战。如何在保证数据资产安全和合规的同时，有效地监管和审计数据资产，是企业需要面对的问题。此外，审计师在审核数据资产时，需要具备相应的专业知识和技能，以保证审计的准确性和有效性。监管机构也需要不断探索适应数据资产特点的监管方式和标准，以保障市场公平和有序。

9. 数据资产入表动力不足问题

数据资产的流通情况在侧面反映了市场对数据资产的需求情况，高价值数据需求比较高，流通性较好。但目前因市场建设、技术能力、生态建设等不完善、不成熟，存在数据资产流通不畅问题，这导致高价值数据资产不能表现"高价值"，无法被有效、合理评估，使得企业开展数据资产入表工作动力不足。

同时，数据文化和意识也是影响企业数据资产化成功的关键因素之一。许多企业并没有形成良好的数据文化和意识，对数据的重要性和价值缺乏足够的认识，对数据资产化的相关工作未能及时参与、准确把握，导致数据资产入表动力不足。

另外，数据资产入表需要的成本和带来的收益不匹配也会导致数据资产入表动力不足。数据资产的经济利益往往不是直接的现金流入，而是通过提升产品或服务的竞争力、优化决策等方式间接体现，这给其与成本的直接匹配带来了挑战。企业难以像对待传统资产那样，直接将对数据资产的投入与数据资产产生的具体经济收益挂钩，导致在财务报表中体现数据资产的价值时缺乏直观的经济逻辑支持。另外，数据泄露或被非法利用的风险，以及技术更新带来的成本，是企业在数据资产入表时必须考虑的因素。

10. 数据资产运营工作难题

当前，我国在数据资产运营工作中缺乏统一的标准，国家在数据领域的法律法规和资产化运营相关标准尚不健全。不同主题的数据开放格式不一致，不同交易平台的数据描述和传输标准也不统一。这些问题增加了数据资产运营工作的难度,并降低了数据资产的流通性。

综上所述,数据资产入表面临诸多难题,要解决这些问题需要企业密切关注相关政策动态和技术发展,同时加强数据资产管理,提高数据资产利用效率。企业应与会计师事务所、律师事务所等入表相关单位共同探索适合自身业务特点的数据资产价值评估和会计处理方法。此外,还需要政府、行业协会等各方共同努力,制定统一的标准和规范,为数据资产入表提供有力的支持。

6.4 数据资产入表审计

数据资产入表审计是指对组织的数据资产进行定期或不定期的审查和评价,以确保企业数据资产的质量、安全性、合规性和有效性得到持续监控和维护。下面对数据资产入表审计价值、实施路径、审计要点等进行说明,期望引起行业的共鸣。

6.4.1 数据资产入表审计的价值

数据资产入表审计是数字时代企业资产管理的重要组成部分,它不仅关乎企业的财务健康,更深刻影响着市场的公平竞争、社会的信息安全与产业发展方向。以下从企业价值、市场价值、社会价值及产业价值4个维度对数据资产入表审计价值进行详细阐述。

1. 企业价值

对于企业而言,数据资产入表审计首先确保了数据资产的准确计量与管理,帮助企业清晰地认识自身数据资源的真实价值,促进数据资源的有效利用和优化配置。其次,通过数据资产入表审计,企业可以发现数据管理中的潜在风险与漏洞,及时采取措施加以改进,提升数据安全性和合规性,避免因数据泄露或不当使用带来的法律风险和经济损失。此外,良好的数据资产管理和审计记录还能增强企业的透明度和信誉，吸引投资者关注，提高融资能力。

2. 市场价值

在市场层面，数据资产入表审计推动了更加公平、透明的市场竞争环境。当所有参与者的数据资产都经过严格审计并公开披露时，市场参与者能够基于更全面、真实的信息作出投资决策，减少信息不对称带来的不公平，促进资本的有效流动和资源配置。同时，高质量的数据资产入表审计报告也能作为评估企业价值的重要依据，有助于构建一个健康、稳定的金融市场生态。

3. 社会价值

从社会角度来看，数据资产入表审计强化了数据治理的规范性，保护了公民的隐私权和数据安全。通过对数据收集、存储、使用等环节的严格审查，审计工作确保了企业在处理个人数据时遵守相关法律法规，防止数据滥用和侵犯个人权益的情况发生。此外，透明的数据资产管理也有助于增强公众对数字经济的信任，促进数字技术的健康发展，为社会带来更多的创新和便利。

4. 产业价值

站在数据要素产业发展的高度，数据资产入表审计促进了整个行业的规范化和标准化，推动了数据驱动型经济的发展。通过统一的数据资产入表审计标准和流程，不同企业之间可以更有效地共享和交换数据资源，加速行业内的协同创新和技术进步。同时，审计结果的公开透明也为企业提供了学习和改进的机会，激励全行业不断提升数据管理水平，共同推动数据要素产业向更高层次发展。

6.4.2 数据资产入表审计的路径

数据资产入表的审计路径涵盖了计划、实施以及报告 3 个方面，如图 6-2 所示。通过系统化的审计流程，可以确保数据资产的确认、计量、记录和报告符合相关法律法规及行业标准,从而增强财务信息的透明度和可信度。此外,合理的审计路径还能帮助企业识别潜在风险,优化资源配置,提高决策效率,最终实现数据资产的价值最大化。

```
                        ┌─────┐
                        │ 开始 │
                        └──┬──┘
                           ▼
        ┌──────────────────────────────────┐
        │        ┌────────────────────┐    │
        │   审   │  明确审计需求及目标  │    │
        │   计   ├────────────────────┤    │
        │   计   │   组建审计项目组    │    │
        │   划   ├────────────────────┤    │
        │        │  调阅项目相关资料   │    │
        │        ├────────────────────┤    │
        │        │   编制计划及分工    │    │
        │        └────────────────────┘    │
        └──────────────────┬───────────────┘
                           ▼
        ┌──────────────────────────────────┐
        │        ┌────────────────────┐    │
        │        │   召开项目启动会    │    │
        │   审   ├────────────────────┤    │
        │   计   │  检查数据资产控制设计 │   │
        │   实   ├────────────────────┤    │
        │   施   │  数据资产控制执行验证 │   │
        │        ├────────────────────┤    │
        │        │  数据安全相关技术测试 │   │
        │        ├────────────────────┤    │
        │        │   审计发现问题汇总   │   │
        │        ├────────────────────┤    │
        │        │  审计问题沟通与确认  │   │
        │        └────────────────────┘    │
        └──────────────────┬───────────────┘
                           ▼
        ┌──────────────────────────────────┐
        │        ┌────────────────────┐    │
        │   审   │   编制审计报告初稿   │   │
        │   计   ├────────────────────┤    │
        │   报   │    审计初稿沟通     │    │
        │   告   ├────────────────────┤    │
        │        │   编制审计报告终稿   │   │
        │        ├────────────────────┤    │
        │        │    项目汇报及归档    │   │
        │        └────────────────────┘    │
        └──────────────────┬───────────────┘
                           ▼
                        ┌─────┐
                        │ 结束 │
                        └─────┘
```

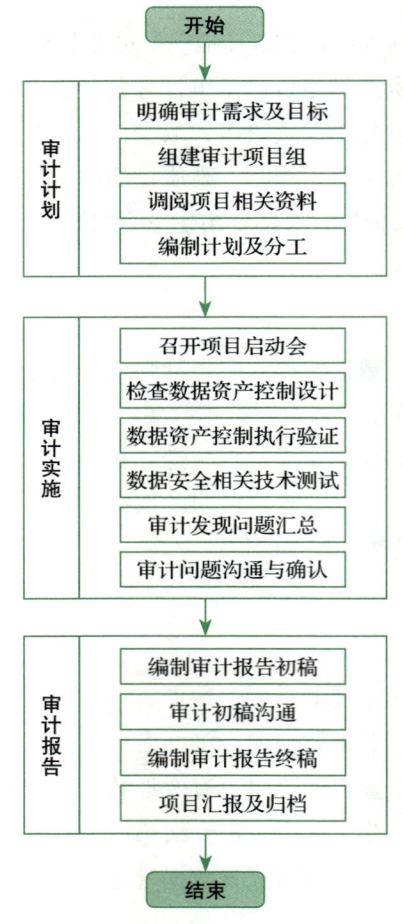

图 6-2　数据资产入表审计路径

1. 审计计划

审计计划主要包括如下几项内容。

- **明确审计需求及目标**：理解数据资产入表背景，明确审计出发点，识别审计范围，包括数据类型和存储方式。设定合理目标，如确保数据完整性、准确性符合要求，并确保符合法规。
- **组建审计项目组**：根据需求组建专业审计团队，明确成员角色和职责，并合理分配资源，确保项目顺利执行。
- **调阅项目相关资料**：根据项目需求和审计范围，列出需要调阅的资料清单。
- **编制计划及分工**：制定审计计划，包括时间表和关键里程碑，进行风险评估，并根据成员专长拆分任务。

2. 审计实施

审计实施涉及的内容如下。

- **召开项目启动会**：召集审计团队和被审计部门负责人参加启动会议，介绍审计背景、目标、方法和时间安排，确保各方对审计有充分的认识和准备。
- **检查数据资产控制设计**：审查数据资产管理制度，评估控制设计的合理性，与标准或法规进行对比分析。审计方法包括但不限于人员访谈、资料审阅。
- **数据资产控制执行验证**：实地观察管理情况，用访谈的形式了解执行程度，抽样检查执行效果。审计方法包括但不限于环境观察、系统查看、数据分析。
- **数据安全相关技术测试**：实施渗透测试、加密技术测试和备份恢复测试，确保数据安全。审计方法包括但不限于穿行测试、技术测试。
- **审计发现问题汇总**：整理审计发现的问题，编制详细审计报告，进行报告审核。
- **审计问题沟通与确认**：沟通审计结果，确认问题，制定并跟踪整改计划。

3. 审计报告

审计报告相关操作主要包括如下几个。

- 编制审计报告初稿：收集并分析数据资产入表相关资料，识别风险和问题，形成结构清晰、逻辑严谨的初稿。
- 审计初稿沟通：安排会议，展示初稿，解释审计发现的问题，收集反馈，根据意见调整审计报告的初稿。
- 编制审计报告终稿：整合反馈，确保报告全面客观，由项目负责人审核确认。
- 项目汇报及归档：向相关领导汇报成果，归档资料，确保可追溯性，跟踪建议落实情况。

6.4.3 数据资产入表审计的要点

在数字化时代，数据不仅是企业运营的核心资源，还可能作为重要的资产进入财务报表中。因此，进行数据资产入表审计，确保数据资源被正确、合规地记录和评估，对于提高数据资产的透明度和实现资产化管理至关重要。下面从4个维度详细解读数据资产入表审计的要点。

1. 数据合规

数据合规是数据资产入表审计中的首个维度，主要确保企业在收集、使用、存储和传输数据的过程中，遵循国家及地方的法律法规的要求，尤其是涉及数据隐私、知识产权、跨境数据流动等方面的法律法规的要求。审计应重点检查企业数据来源的合法性，验证数据是否遵循了数据保护法和行业标准，例如《数据安全法》《个人信息保护法》等。

数据合规审计还包括检查企业对数据的合法所有权和使用权的确认。企业需要提供相关的合同、授权书等证明文件，确保所持有的数据资源没有侵犯他人权益，且具备作为资产进行入表的法定条件。此外，企业还应评估数据的保存期限，确保数据不会在满足合规性要求的情况下过期失效。

2. 数据治理

数据治理是数据资产能够顺利入表的基础，这涉及数据管理流程的规范化、数据质量控制、数据生命周期管理等。数据治理审计的关键在于评估企业是否有健全的内部数据治理框架，并确保相关的数据管理制度被严格执行。审计应重点检查数据的定义、标准化、数据分类分级和访问控制等方面的治理情况。

具体来说，数据治理审计需要检查数据的准确性、完整性、一致性和时效性，确保所有被计入资产的数据资源在技术和业务层面上符合质量标准。例如，审计人员应验证企业的数据清洗、校验、集成、存储等环节的规范性，确保数据在整个生命周期中都能得到高效、合规地管理。此外，数据治理还要求企业具备完善的监控和报告机制，能够追踪和记录数据的流向和使用情况，以便进行有效审计和监督。

3. 数据安全

数据安全是另一个重要的审计维度，涉及确保数据在存储、传输和使用过程中不出现未授权访问、损毁或泄露等风险。数据资产的安全性是审计的核心内容之一，尤其是在数字化转型背景下，数据成为企业运营的核心资产，其安全性直接影响数据资产的真实性和可靠性。审计应重点检查企业在数据资产入表过程中的安全措施，包括数据加密、身份验证、权限管理、数据备份等技术手段。

此外，企业还需满足合规要求，确保数据的存储和传输符合行业内的安全标准和最佳实践，例如 GDPR、ISO 27001 等。在数据安全审计中，企业必须提供相关的安全控制报告、审计日志和事故响应机制，证明数据资产的安全性得到了充分保障，并能在出现安全事件时快速应对。

4. 数据资产入表审计

数据资产入表审计是数据资产确认和资本化的核心环节，可确保企业的数据资源符合成为正式资产并入表的标准。数据资产入表审计的目标是验证企业是否能够依据会计准则和资产化标准，将数据资源作为资产纳入财务报表，并准确评估其价值，确保数据资产的真实性和完整性。

在入表审计过程中，审计人员需对企业的数据资源进行全面评估，分析其价值来源、收益预期、控制权、合法性等，确保数据资源能够满足资产确认的基本要求。企业需要提供完整的文档证明，如合同、数据使用协议、估值报告等，确保所有相关数据资源符合会计和财务报告的规范。

审计人员还应检查数据资产的入表流程，确保数据资产的确认和报告符合相关财务会计准则，如国际财务报告准则（IFRS）或国内会计准则。数据资产的入表不仅关乎财务报告的合规性，还影响公司整体的财务健康和投资者信心。因此，在这一过程中，审计的精度和彻底性至关重要。

5. 数据资产审计的控制矩阵

为了有效开展数据资产审计，企业应结合自身特点、审计战略和目标，制定数据资产审计的控制矩阵。控制矩阵的构建应从4个维度（数据合规、数据治理、数据安全、数据资产入表审计）出发，具体包括如下几项。

- 控制领域：确定各个审计维度的核心内容与范围，例如，数据合规领域涉及数据来源合法性、数据隐私保护等；数据治理领域涉及数据质量控制、数据标准化等。
- 控制子领域：将每个控制领域进一步细分为具体的审计任务，如数据合规下可能包括"合规性检查""合法授权验证"等。
- 控制子项：针对控制子领域，设立更具体的审计项目。例如，数据安全子领域下可能包括"数据加密审查""访问权限管理"等。
- 控制要点：在每个控制子项下，列出具体的审计要点和评估标准，确保审计工作能够深入、全面地进行。

通过构建和实施控制矩阵，企业能够在数据资产审计过程中做到有的放矢、精准评估，确保数据资产的入表不仅合规、准确，还能够充分发挥财务价值。

第 7 章
数据资产交易与应用

随着政策支持和市场需求的增长，数据作为重要的生产要素，正在实现价值的外部交易。本章探讨数据资产的交易现状、流程和应用场景。其中，将详细描述数据资产交易的分类、流程以及具体应用领域，强调数据交易市场的建设和制度化发展对推动数据产业的意义。

7.1 数据资产交易现状

数据资源可以通过资产化实现两次价值。"一次价值"是指企业归集、转化日常经营数据后，通过数据反馈的回路为自己增值；"二次价值"则在企业外部实现，通过数据的流通交易，使外部企业也能获得价值反馈回路而提升企业价值。数据资源只有在流通交易过程中才能释放全部的价值，数据交易市场则为数据流通交易提供最方便的路径。

7.1.1 政策导向

数据作为新型生产要素，潜在价值大、发展变化快。完善数据要素市场是推进全国统一大市场建设的重要环节。要以数据要素市场化配置改革为主线，完善数据要素市场制度和规则，促进数据要素开发利用，加快培育全国一体化数据要素市场。"数据二十条"明确了数据要素市场制度建设的基本框架、前进方向和工作重点，对于构建数据基础制度、推进数据要素市场建设、更好发挥数据要素作用具有重要意义。2024年10月19日，在2024全球数商大会上，国家数据局党组成员、副局长沈竹林指出，国家数据局将加强对数据市场的顶层设计、整体谋划和系统布局，加快研究制定培育全国一体化数据市场的政策文件，推动数据市场建设进入新阶段。

随着数据流通交易领域的发展和相关产业政策法规的颁布，数据资产交易市场的规模不断扩大，数据流通涉及的行业范围越来越广，数据资产的类型不断丰富，数据资产交易正处于蓬勃发展期。

7.1.2 数据资产交易分类

数据资产交易是指数据供方与需方以数据商品为交易对象，依据共同遵循的规则和定价机制进行所有权、使用权等的价值交换。广义上，数据资产交易包括数据共享、开放、流通和互联等。狭义的数据资产交易指数据资产的权利转移，如图 7-1 所示。

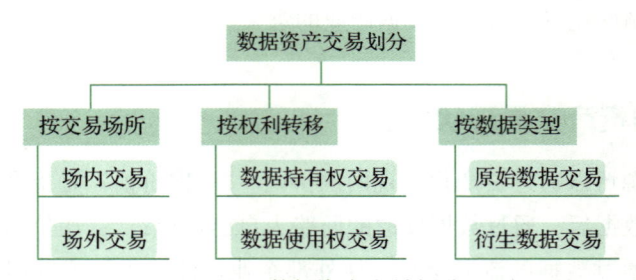

图 7-1 数据资产交易划分

1. 按交易场所划分

按照交易场所的不同，数据资产的交易可以分为如下两类。

- **场内交易**：国内数据市场场内交易沿袭并创新传统证券金融市场体系

构架，交易双方在数据交易所内进行数据资产发布与撮合，最终完成交易。在数据交易所内交易的数据，可以获得有效且公平的合法权益保护，数据交易所能起到促进信任、保护权益、管控风险和监督交易等作用。

- **场外交易**：数据资产场外交易是场内交易的补充，是数据交易所设立前主流的交易模式，数据资产交易双方按照协定自行完成数据交易，可能面临合规性不足、价格不透明等潜在问题。

2. 按照权利转移划分

根据"数据二十条"关于建立数据资源持有权、数据加工使用权、数据产品经营权等分置的产权运行机制的要求，相关主体在进行数据资产交易时，需明确其具备的数据权利，根据不同的权利转移要求进行数据资产交易，防止出现交易违规等问题。数据资产按照权利转移主要分为两种交易模式：数据持有权交易和数据使用权交易。

- **数据持有权交易**：本类交易模式是指数据提供方直接出售其持有的数据资产，交易结束后不再持有该数据，数据购买方获得数据的持有权。在数据持有权交易中，需确保购买方真实获取了全部数据，且数据提供方无法再次销售该持有权。在未来数据纳入资产负债表的背景下，数据持有权交易直接体现为双方资产负债表中的数据资产项的转移。通过数据持有权交易，购买方可以基于获得的数据资产进行入表、确权、抵押、销售等后续操作。
- **数据使用权交易**：本类交易模式是在数据资产持有权不发生转移的前提下，仅对数据的使用权进行交易，购买方享有不可转让的、非排他性的、无分授权的、有限地使用数据的权利。在合同中，一般还需要约定数据用途、使用场景、使用期限、违规判定和违约责任金额等。目前，各地数据交易机构、征信机构、互联网平台、运营商等对外提供数据输出时，数据使用权交易模式占据主流位置。

3. 按照数据类型划分

数据资产的交易按照数据类型的不同，可以分为如下两类。

- 原始数据交易：原始数据交易是数据资产交易的最初方式，通常是指将包含已采集数据原始信息的数据表或者数据库进行转移并完成交易，原始数据交易在医药、生物、制造业等行业应用较多。
- 衍生数据交易：数据不同于传统生产要素，在使用过程中会衍生出一系列派生数据集。衍生数据交易一般为数据使用权的交易，通常不涉及原始数据的持有权变更。对这些衍生数据进行价值评估和利润分成，是进行数据资产交易时买卖双方不可回避的问题，此时买卖双方应当事先约定衍生数据的归属和分成原则。

7.1.3 国内数据资产交易所发展历程

1. 起步阶段（2015—2016年）

我国数据资产交易所于2015年起步，贵阳大数据交易所成为首家以大数据命名的交易所。在2015年至2016年间，多个数据资产交易机构相继成立，包括河北、黑龙江、江苏、上海和浙江等地的数据交易所。这标志着数据资产交易概念的逐步落地，一些省市和企业在数据定价和交易标准方面进行了积极探索。数据交易所起步阶段的主要特点如下。

- 交易主要集中在原始数据的简单交易上，数据预处理和金融衍生品等尚未普及。
- 数据供需不对称，导致成交率和成交额较低。
- 数据开放进程缓慢限制了交易规模和变现能力。
- 缺乏统一规范和法律保障，使得数据定价和确权问题难以解决。

2. 探索阶段（2017—2020年）

在这一阶段，数据资产交易机构的数量增长放缓，4年内仅成立了9家新机构。同时，因为早期机构交易量下滑，市场反馈不足，所以优质数据供应商倾向于建立自己的交易渠道。数据交易所在初步尝试后暴露出行业面临的诸多问题，包括交易技术不成熟、优质数据源短缺和制度法规不完善等。

3. 加速阶段（2021—2024 年）

随着《网络安全法》《数据安全法》《个人信息保护法》等一系列法律法规的实施，深圳、上海和北京等地的数据交易所相继成立，旨在构建国家级数据交易平台。以上海数据交易所为例，其重点在于解决确权、定价、互信等共性难题，提出了一系列创新措施，具体如下。

- 推出"数商"体系，涵盖数据交易的各个环节。
- 发布数据资产交易的配套制度，规范交易全过程。
- 上线全数字化数据资产交易系统，实现全天候交易和交易可追溯性。
- 首次推出数据产品登记凭证，实现数据的可登记和可统计。
- 以数据产品说明书的形式提升数据可读化。

深圳和北京的交易所则应用隐私计算和区块链技术，确保数据使用的隐私安全，促进相关方积极参与数据资产交易。截至 2024 年 10 月，国内数据交易所已超过 60 家。国内数据交易所不完全名单如表 7-1 所示。

表 7-1 国内数据交易所不完全名单

序号	成立时间	交易所名称	地区
1	2014 年	中关村数海大数据交易服务平台	北京
2	2014 年	北京大数据交易服务平台	北京
3	2015 年	贵阳大数据交易所	贵州贵阳
4	2015 年	武汉长江大数据交易中心	湖北武汉
5	2015 年	武汉东湖大数据交易中心	湖北武汉
6	2015 年	西咸新区大数据交易所	陕西西咸新区
7	2015 年	华东江苏大数据交易中心	江苏盐城
8	2015 年	华中大数据交易所	湖北武汉
9	2015 年	交通大数据交易平台	广东深圳
10	2015 年	河北大数据交易中心	河北承德

（续）

序号	成立时间	交易所名称	地区
11	2015年	杭州钱塘大数据交易中心	浙江杭州
12	2016年	哈尔滨数据交易中心	黑龙江哈尔滨
13	2016年	浙江大数据交易中心	浙江杭州
14	2016年	丝路辉煌大数据交易中心	甘肃兰州
15	2016年	广州数据交易服务平台	广东广州
16	2016年	南方大数据交易中心	广东深圳
17	2017年	河南平原大数据交易中心	河南郑州
18	2017年	青岛大数据交易中心	山东青岛
19	2017年	河南平原大数据交易中心	河南新乡
20	2018年	东北亚大数据交易服务平台	吉林长春
21	2019年	山东数据交易平台	山东济南
22	2020年	山西数据交易平台	山西太原
23	2020年	北部湾大数据交易中心	广西南宁
24	2020年	中关村医药健康大数据交易平台	北京
25	2020年	安徽（淮南）大数据交易中心	安徽淮南
26	2021年	北京国际大数据交易所	北京
27	2021年	长三角数据要素流通服务平台	江苏苏州
28	2021年	华南国际数据交易公司	广东佛山
29	2021年	合肥数据要素流通平台	安徽合肥
30	2021年	上海数据交易所	上海
31	2021年	德阳数据交易中心	四川德阳
32	2021年	海南数据产品超市	海南海口
33	2022年	湖南大数据交易所	湖南长沙
34	2022年	无锡大数据交易平台	江苏无锡
35	2022年	西部数据交易中心	重庆
36	2022年	福建大数据交易所	福建福州
37	2022年	郑州数据交易中心	河南郑州
38	2022年	青岛海洋数据交易平台	山东青岛
39	2022年	广州数据交易所	广东广州
40	2022年	苏州大数据交易所	江苏苏州
41	2022年	深圳大数据交易所	广东深圳
42	2022年	杭州国际数据交易中心	浙江杭州
43	2023年	北方大数据交易中心	天津
44	2023年	西咸新区数据交易撮合平台	陕西西咸新区
45	2023年	苏北大数据交易中心	江苏宿迁

（续）

序号	成立时间	交易所名称	地区
46	2023 年	杭州数据交易所	浙江杭州
47	2023 年	长春大数据交易中心	吉林长春
48	2023 年	淮海数据交易中心	江苏徐州
49	2023 年	温州数据交易中心	浙江温州
50	2023 年	陕西丝路数据交易平台	陕西西安

7.1.4 数据资产交易前景分析

对数据资产交易的前景分析如下。

- **数据资产交易潜在市场需求庞大。** 随着数字化和智能化的快速发展，数据已经与土地、劳动力、资本和技术并列，成为经济社会发展的五大生产要素之一。各行各业、各地区对数据的潜在需求日渐凸显，对数据的质量、应用、交易模式提出了更高的要求。数据交易所、数据商，以及数据资产交易中产生的数据资产评估、数据资产担保、数据交易合规评估、数据安全风险评估等服务商，为数据资产交易市场基本运作奠定基础，但仍未满足数据资产交易市场供给双方所需。根据工业和信息化部印发的《"十四五"大数据产业发展规划》，到2025年，我国大数据产业规模测算将突破3万亿元，年均复合增长率保持在25%左右。数据资源的开发、应用场景随机器学习、价值挖掘的深入在不断地扩大，包括但不限于医疗、交通、教育、旅游等行业，数据交易市场的规模也将越发壮大。

- **各项政策出台提供强力支持。** 近年来，我国高度重视数据要素市场的发展，中共中央和国务院出台多项政策推动数据要素市场的发展，鼓励数据资产的流通和交易。2023年10月25日，国家数据局正式揭牌，隶属于国家发展改革委，负责协调推进数据基础制度建设，统筹数据资源整合共享和开发利用，统筹推进数据中国、数字经济、数字社会的规划和建设。《"数据要素 ×"三年行动计划（2024—2026年）》明确指出，到2026年底，培育一批创新能力强、成长性好的数

105

据商和第三方专业服务机构，形成相对完善的数据产业生态，场内交易与场外交易协调发展，数据资产交易规模倍增。为贯彻中共中央、国务院陆续出台的数据要素市场政策，紧随各国家部委及国家数据局出台的扶持或规范数据要素市场的政策，各地政府也纷纷出台适应地方发展需要的配套政策，为数据要素市场发展繁荣注入力量。北京市印发的《关于更好发挥数据要素作用进一步加快发展数字经济的实施意见》，重点围绕数据产权制度、数据收益分配、数据资产登记评估、公共数据授权运营、数据流通设施建设、数据要素产业创新等方面探索加快发展以数据要素为核心的数字经济。海南省政府发布的《海南省培育数据要素市场三年行动计划（2024—2026）》，旨在深入贯彻落实国家关于构建更加完善的数据要素市场化配置机制体制、构建数据基础制度以更好发挥数据要素作用等决策部署，加快推进海南省数据要素市场化配置改革，激活数据要素潜能，推动海南自由贸易港数字经济高质量发展。这些地方政策百花齐放、百家争鸣的景象，为数据交易市场提供了良好的发展环境和政策支持。

- 技术创新进步提供有力支撑。科学技术是产业升级与创新的原动力，近年来，信息技术、大数据、区块链、人工智能、云计算、物联网、网络安全等技术以及算力都得到了前所未有的突破与发展。数据资产化的基本问题得到解决，数据资产交易过程中的数据安全得到更高保障，数据管理能力相应得到提升。例如隐私计算技术，在数据跨界共享的过程中，实现权属分离、数据价值最大化，使得数据资产交易更加便捷安全。区块链技术，打破了数据孤岛，保障数据安全，记录数据流转过程，形成监管闭环。这些技术在数据资产交易的过程中发挥各自的作用，解决了数据资产交易过程中遇到的困难和挑战。

数据资产交易面临的困难与挑战如下。

- 全国数据资产交易基础规则仍未明确。当前，数据要素市场在各地蓬勃发展，但多是依据各地政府对中央政策的理解来适应地方发展，国内还未形成统一的数据资产交易规则，数据资产交易的基础制度建设仍然在摸索过程中。尽管我国已经初步构建数据要素相关政策体系，在"数据二十条"内明确数据产权、流通交易、收益分配、数据治理等基础制度的探索方向，但是在实践层面，数据资产交易规则建设仍以各地分散探索为主，缺少相关领域的全国立法和全国性细化指导文件。

- **数据供给和需求存在不足。**当前数据要素市场起步不久，相应的数据资产交易机制尚不完善，在一定程度上影响了数据市场价值，从而在一定程度上抑制了数据拥有者的开发意愿、数据持有者的出售意愿和数据消费者的购买意愿。供给方，参与数据资产交易的主体大部分是政府部门、央企国企等，而许多数字资源丰富的商业机构、平台型企业可能因数据安全风险，还未加入数据资产交易市场。需求方，许多行业企业虽然有较大的数据利用需求，在较多场景可以应用数据资源，但是受场内数据供给和匹配能力，以及自身开发利用数据的基础能力约束，未能得到充分且有效激发。《2023年中国数据交易市场研究分析报告》显示，2022年我国数据要素市场规模达876.8亿元，场内交易占比不足5%。

7.2 数据资产交易流程

前文提到，在实践层面，数据资产交易规则建设以地方分散探索为主，缺少相关领域全国性立法和全国性细化指导文件，且各地数据资产交易规则大多数仍依据数据场所交易层面的规范文件，尚未上升到地方性法律、规章层面，约束力、指导性有限，并存在标准不一，各成体系的情况。因此本节介绍的数据资产交易流程仅为数据资产交易实践中的大体流程，细化规则以数据交易平台为准。

数据资产交易流程可以分为7个步骤，分别是注册认证、登记挂牌、产品订购、合约评估、产品交付、交易结算与记录归档，总体上可概括为核身份、查来源、交易凭证与流程审计，如图7-2所示。

核身份			查来源		交易凭证	流程审计
注册认证	登记挂牌	产品订购	合约评估	产品交付	交易结算	记录归档
提交企业信息 企业材料审核、认证 成员系统开户	数据来源资料登记、数据产品合规审查 产品登记证书发放 数据产品挂牌	产品评估与测试 需求方下单 供需方确认 形成合约	提交评估 评估结果（通过/不通过） 合约生效	数据产品配送 生成服务工单 服务工单配置	消费结算单生成 交易凭证发放	履约日志生成

数据资产交易流程

图 7-2　数据资产交易流程图

1）注册认证：数据供给方需要在交易数据资产前先选好数据交易平台，如北京国际大数据交易所、上海数据交易所等，在对应的平台提交企业基本信息，等待平台对企业材料进行审核和认证，在完成审核认证后，企业完成开户。

2）登记挂牌：完成系统开户后，企业可以登记挂牌需要交易的数据资产。在此之前，数据资产应已经过质量评估、合规登记等程序。企业需对数据产品的基本情况和应用场景等进行说明，提交该数据产品的合规自检报告，经数据交易平台审核后完成登记。挂牌时则需要按规定制作数据产品的说明书，对数据产品的详细情况进行说明，提交该数据产品的合规评估、质量评估等专业评估报告，经平台审核后挂牌。

3）产品订购：数据产品登记挂牌完成后，数据需求方可在平台上了解数据产品的基础情况，选择所需产品。交易前，数据需求方可以对产品提出评估与测试需求，完成后数据需求方下单，供需双方就交易意向达成一致，在数据交易平台上形成合约。

4）合约评估：数据交易平台对合约进行评估，判断合约是否生效。在实务中，数据登记时所提交的价值评估可能因时间、市场需求等变量，与实际交易价值不同，因此在交易时，可以重新评估数据资产交易价值，由平台审核。

5）产品交付：合约达成后，数据供给方需完成数据产品配送，数据需求方签收确认，数据交易平台生成服务工单，并完成服务工单配置。

6）交易结算：数据交易平台提请数据供需方确认交易，生成消费结算单，发放交易凭证。数据交易平台也可以指定结算服务机构，为数据供需方提供结算服务。

7）记录归档：数据供给方生成履约日志，记录数据资产交易情况。

实践小贴士：进行数据资产交易时，需要关注哪些关键点？

交易分为场内交易或者场外交易，本处仅介绍场内交易关键点。

首先，买方需多方位浏览交易平台，如海南省数据产品超市、贵阳大数据交易所等，选择提供自身所需产品的交易平台进行交易。

其次，需注意数据产品的基本信息，包括数据产品的信息类别、数据收集时间、更新频次、数据量、使用场景等，并检查其质量报告、合规报告、数据产品证书等是否齐全。

最后，在交易过程中，需要考虑交易风险，买卖双方均需遵守场内交易平台规定，保障交易顺利进行。

7.3 数据资产应用场景

随着技术的创新和发展，数据资产的内容形式不断复杂化、多样化，层次结构不断深化延展，介入经济社会体系的深度和广度均持续扩大，应用场景十分广泛，并持续快速扩张。企业数据资产化的环节已经逐渐成熟，数据资产经过盘点识别、登记确权、合规核验、质量评价、质量评估，最后实现价值转化，而价值的转化依赖应用场景。从企业自身角度来讲，数据资产可以通过入表提升企业自身价值；从外部交易环境来看，数据资产应用于具体场景，提高企业市场价值；从金融市场来看，数据资产的金融属性为企业打开了全新的价值实现路径，能够撬动资本价值，包括质押融资、疏通交易、数据入股等。

7.3.1 数据资产入表对应用场景的意义

数据资源开发是一种需持续投入的活动，涉及大量人力、物力和财力。企业在信息化过程中，从系统规划、软件开发到维护升级，以及数据采集、处理和分析，均需投入资金和技术资源，包括硬件购买、人才培养和网络建设等。

在《暂行规定》出台前，企业的这些投入常被视为当期费用，无法转化为长期资产，进而影响数据资产整体价值评估。然而，《暂行规定》明确允许企业将数据资产开发投入确认为无形资产，并按无形资产进行后续计量。这意味着企业可以将信息化中的研发投入（如定制软件开发和数据分析模型）纳入资产，从而提升资产规模和内在价值。

这一会计处理方式的转变，不仅改变了财务报表中的数字，也认可了企业的核心竞争力。随着大数据和人工智能等技术的发展，数据资产已成为影响企业创新、提升运营效率和竞争优势的关键因素。将数据资产的开发成本纳入无形资产将显著提升企业资产价值和市场竞争力。

7.3.2 数据资产的具体应用场景

当前，我国对数据资产发展的探索和实践与国际基本保持同步，但法律法规和金融监管存在不确定性，也表现出有别于国外对数据资产强金融监管的特征。当前我国数据资产发展主要集中在消费、品牌营销、文创、文博、工业产业等具有实体经济意义的领域。

1. 消费场景应用

在"食住行游购娱"相关领域，企业将产品和服务与数据资产结合，延展用户在数字世界中的使用权益，并通过虚拟激励促进线下消费。随着数字化转型的推进，实体消费与数字融合已成为趋势，未来人们将在虚拟世界中更频繁地互动，数据资产使生活更加便利。区块链技术的运用确保数据资产的不可篡改性，不仅可保护消费者权益，还可提升企业透明度和信任度。

在消费场景中应用数据资产，可显著提升消费者的获得感，促进消费行为。这些新兴业态满足了消费者多样化的需求，数据资产结合诸多技术创新，将催生出大量商业模式。过去，人们的购买决策多基于产品性能、质量和价格等功能属性，而如今，在 Web 3.0 时代，数据资产已成为重要的组成部分，消费者更倾向于关注商品的品牌价值和文化内涵，寻求的是情感体验和身份认同。例如，2023 年 Bilibili World 线下展推出的打卡数字勋章，通过区块链技术实现线上线下消费融合，极大地提升了用户活跃度。

消费者的消费观正在从功能型向精神型转变，他们更加注重自我身份的构建，希望通过特定商品或服务彰显个人价值观和生活方式。因此，品牌在这一时代应注重塑造文化内涵和情感共鸣，而不仅是关注产品性能和价格。随着消费观念的转变，品牌重心也逐步从功能型消费转向精神型消费，通过文化、情感及社会价值的传递，企业与消费者建立更紧密的联系。

2. 品牌营销应用

品牌企业、新闻媒体、赛事活动组织等机构为了品牌推广、公益宣传和市场营销，铸造发行具有品牌价值的数据资产。通过引入区块链技术，让传统营销模式实现了数字化认证，打通了数据资产的流通环节，开启了数字化新蓝图。这种模式更加注重消费者体验，通过数字身份和智能合约等技术重构生产关系，创造全新的品牌推广方式。

在竞争激烈的品牌环境中，数据资产为品牌提供了新的营销手段。数据资产凭借其流量、互动和轻投入属性，成为众多品牌的首选工具。通过品牌数据资产企业与消费者进行线上互动，能够提升消费者的品牌认知。依靠品牌数据资产和数据技术可赋能品牌主的经营过程。

品牌数据在资产化过程中需要重新思考产品研发、生产、营销和数字化等多个环节，以适应年轻消费者的需求。个性化数据资产营销通过去中心化身份技术，使消费者在数字世界的每一次互动都有机会转化为价值，增强消费者对品牌的信任和忠诚。区块链技术的应用帮助品牌快速定位目标人群，聚拢私域流量，并便于会员身份认证和权益互通，构建会员社区和激励体系。

品牌数据资产作为品牌形象的载体，可对外传达企业技术、文化内涵和价值观，其设计和限量发行可满足消费者对独特性和个性化的需求，激发消费者的参与热情，提高品牌关注度。通过互动方式获取品牌数据资产，如小游戏和打卡，消费者在参与后可获得品牌专属数字周边，深化对品牌的理解。

基于区块链的"永久存证"特征，数据资产可用于纪念和分享，为品牌企业以及媒体、公益类组织提供具有品牌价值的"数字纪念品"。参与品牌活动的人们可通过数据资产获得具有权威性和真实性的证明，这类产品超越了传统方式的纪念，可满足在回忆和参与感方面的诉求。

3. 数字文创应用

数字文创应用是指创作者通过区块链技术形成的影音视像作品或经授权加工得到的二次创作产品。近年来，文创产业逐渐成为我国重要的新兴经济领域，文创产品正迎来前所未有的发展机遇。在此背景下，利用区块链等新兴技术将文创产品转化为数据资产，推动产业数字化转型，可为文创产品的发展开辟新路径。

与实体资产相比，数据资产的载体数字化使其具有更大的开发潜力。消费者购买文创类数据资产，既是对艺术的认可，也体现了对价值的追求。这种数据资产在内容创作者与消费者之间架起了一座价值连接的桥梁，使得音乐、图像和视频等文创产品在上链后焕发新活力。通过区块链技术，文创产品的版权、设计和流通链路更加清晰透明，有效解决了盗版和侵权问题，激励原创者创作多样化的数字文创产品。

数字化赋予版权新的形式和内涵，开辟了更多应用渠道。数字文创产品的设计、制造和发行可以由多方共同推进，甚至消费者也可参与设计，突破独特性和创意性难点，最终获得个性化商品。数据资产还打破了地域性限制，通过虚拟现实等技术，助力数字文创产品在线流通，打造融合数字虚拟技术的文艺演出，让消费者体验多层次的沉浸式娱乐。

这种转变不仅改变了传统单向传播的局限，还促使用户从被动接受转变为主动参与，投入更多情感。通过行业场景创新，数字文创产品的价值内涵得以充分发挥，进一步与行业数字化深度融合，拓宽价值边界。此外，数字文创产品的销售还可以结合用户需求，实现实体产品的定制化，提升用户的获得感。

4. 文博衍生应用

2023年10月，多个国家部门联合印发《关于加强文物科技创新的意见》，目的是推动文物资源数字化、智慧博物馆建设和大遗址展示等技术的研发。数据资产为传统文化的传承与发展带来了新活力，可针对博物馆、美术馆等文化机构的文物和艺术品，开发具有艺术性和独特性的衍生产品。数据资产正在改变我们的生活方式和文化消费观念，成为文博产业的新引擎。

利用数字化技术，传统文化得以挖掘、保护与传承，公众可以在家中欣赏全球艺术珍品，提高文化资源的利用率。非物质文化遗产也可通过数据资产焕发生机，互动性技术（如虚拟现实等）满足了年轻人对个性化、定制化的需求，进一步刺激文化消费。此外，数据资产突破地域和语言障碍，促进了中国优秀文化的国际传播，加强了文化交流与合作。

数据资产还推动了文化产业与科技、旅游等领域的融合，催生数字文化旅游新业态，为产业创新提供丰富的素材，促进文化产业结构的优化与升级。

5. 产业应用

随着数据资产在各个产业的广泛应用，尤其是在能源、交通和制造领域，它们已显著提高了运营效率，降低了成本，并拓展了市场渠道。数据资产不仅是数字经济的重要组成部分，还将促进产业的数字化转型和升级。未来，数据资产平台有望实现产业链上下游企业的互联互通，推动协同创新和高质量经济发展。

在高端制造、绿色低碳、新能源和乡村振兴等关键领域，铸造发行知识产权、产品研发及碳指标形成等可追溯的数据资产，将满足投资者和金融机构对资产透明度的需求，提高资源利用效率。此外，数据资产可以作为可溯源的数字证书，记录核心专利和研究成果，提供不可篡改的存证，为乡村地区建立独特的地域标识，保护知识产权。在产业链的不同环节，通过相关技术存证原材料和最终产品，帮助相关主体追踪产品生命周期，保障各方权益，促进产业协同与创新。

7.3.3 数据资产的金融化应用场景

随着全球数字化转型的加速推进，数据资产交易市场日益繁荣活跃，数据资产的重要性与日俱增，其流通性和金融属性逐渐显现，数据资产的价值开始反映在金融市场中。数据资产金融化不仅有助于提升数据资产的价值和应用空间，还将为企业带来更多的金融创新和业务机会。

1. 数据信贷

数据信贷是指企业用合法拥有或控制、产权明确且可转让的数据资产作为担保，从商业银行等金融机构获得资金并按期偿还本息的融资方式。目前，最常见的担保方式是质押，即企业将符合条件的数据资产质押给金融机构，作为贷款的担保。如果贷款违约，银行有权变卖质押的数据资产以弥补损失。数据信贷流程（以数据质押贷款为例）如图 7-3 所示。

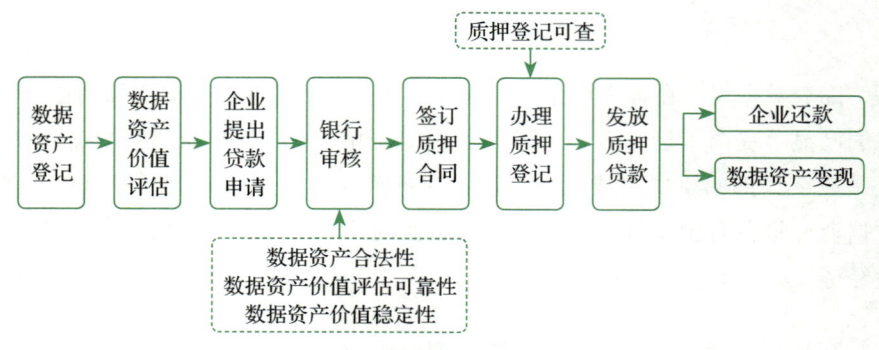

图 7-3 数据质押贷款流程

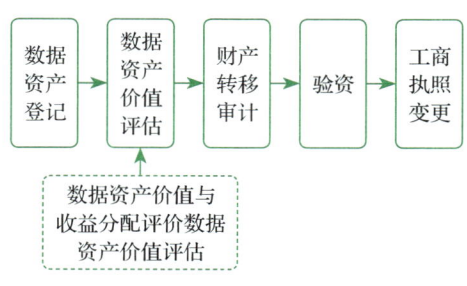

2. 数据资产出资入股

数据资产出资入股是指投资人将合法拥有、产权明确且可转让的数据资产转换为企业股权，成为股东，按股权平等和贡献程度参与剩余价值的分配。也就是说，允许数据需求方通过股权置换数据持有方的特定数据权益，将数据权益按贡献折算成为资本，并基于此分配剩余价值，从而形成供需双方长期共同发展的机制。数据资产出资入股的流程总体分为五个步骤。数据资产出资入股如图 7-4 所示。

图 7-4 数据资产出资入股的流程

3. 数据资产证券化

数据资产证券化是指当数据资产可以纳入企业资产负债表并成为无形资产或存货后，选择质量较高、公信力强和预期明确的成熟资产，以其未来收益现金流作为基础发行证券产品。简单来说，数据资产证券化是将数据资产转化为可交易的证券，实现其变现和流通。这是一个将数据资产未来收益转化为现金的过程，类似于知识产权等无形资产的证券化操作。数据资产证券化过程如图 7-5 所示。

图 7-5 数据资产证券化过程

第 8 章
数据资产运营平台构建

数据资产运营是数字经济发展的重要组成部分。与传统资产不同，数据资产拥有独有的特性，其价值开发和利用通过数据产品得以更好地实现。产品化使得数据能够以商品形式在市场上交易流通，这是数据商品化的前提。作为新型产品，数据产品同样面向市场提供，旨在吸引消费者注意并促使其使用或消费，以满足特定需求。企业需要构建数据资产运营平台，实现数据资产的有效运营。本章将围绕数据资产运营目标、数据资产运营平台构建链路、数据资产运营平台构建方法、数据资产运营平台构建保障措施等方面展开论述。

8.1 数据资产运营的意义

2024 年财政部印发的《数据资产全过程管理试点方案》中提到，通过编制数据资产台账、开展数据资产登记、完善授权运营机制、健全收益分配机制和规范推进交易流通 5 个方面，结合本单位实际情况，在数据资产确权、授权运营、数据产品开发、场景应用、收益分配、交易流通、风险防控等方面开展试点。2023 年 1 月大数据技术标准推进委员会发布的《数据资产管理实践白皮书》（6.0 版），对数据资产运营做出如下定义：通过对数据服务、数据流通情况进行持续跟踪和分析，以数据价值管理为参考，从数据使用者的视角出发，全面评价数据应用效果，建立科学的正向反馈和闭环管理机制，促进数据资产的迭代和完善，不断适应和满足数据资产的应用和创新需求。

8.1.1 数据资产运营的发展历程

数据资产运营的发展历程可以分为 3 个主要阶段：资源化、产品化和可测化。这一过程反映了数据从原始状态到商业价值实现的转变，揭示了数据在企业战略中的重要性。

1. 资源化阶段

资源化是数据资产运营的第一步，主要对原始数据进行收集与整合。企业通过各种渠道获取数据，并将其组织成结构化的数据资源。这一阶段的关键在于数据治理，确保数据的质量、完整性和安全性。

在资源化阶段，企业关注如何将数据从不同来源（如内部系统、市场调研和社交媒体等）整合到一起。这一过程不仅需要技术支持（如数据库管理系统和数据仓库），还需建立有效的数据管理策略，以提升数据的可用性。

2. 产品化阶段

随着数据资源的积累，企业的数据资产运营进入了产品化阶段。在这一阶段，企业开始基于已有的数据资源，结合市场需求，开发相关的数据产品和服务，包括数据分析工具、行业报告和市场预测模型等。

产品化阶段的核心在于将数据转化为具有市场价值的产品。企业通过数据分析，识别客户需求和市场机会，从而制定相应的产品策略。这一过程不仅提升了企业的数据利用效率，也为其创造了新的收入来源。

3. 可测化阶段

在可测化阶段，企业进一步深化对数据资产的理解，将数据的价值量化。这一阶段强调通过数据分析与指标监测，实现对业务和市场动态的实时跟踪与评估。

企业通过建立数据驱动的绩效指标，能够有效监控业务运行情况，优化资源配置。这一阶段的特点是利用数据进行精准决策，推动业务的持续改进和创新。通过可测化，企业不仅提升了运营效率，还增强了市场竞争力。

综上所述，数据资产运营的发展历程反映了企业对数据价值认识的不断深化。每个阶段都有其独特的管理重点和应用场景，企业应根据自身的实际情况，灵活运用这些阶段的策略，以实现数据资产价值的最大化。在未来，随着技术的不断进步，数据资产的管理与应用将迎来更多的机遇和挑战。

8.1.2 数据资产运营的挑战

数据资产运营是企业在数字经济时代提升竞争力的重要策略。然而，在实践过程中，企业面临多重挑战，严重制约了数据的有效利用和价值实现。本小节将深入探讨数据资产运营中的三个主要难点：业务与数据不同步、数据利用不充分以及数据共享不全面，旨在为企业优化数据管理与应用提供参考。

1. 业务与数据不同步

业务与数据不同步是企业在数据资产运营中面临的首要难题。这种不同步现象表现为业务需求与数据管理之间缺乏有效对接，导致企业在进行市场分析、客户洞察及战略制定时，使用的是过时或不准确的数据。例如，企业在制订营销计划时，往往依赖历史数据，这类数据往往不能及时反映当前市场环境的变化。这种情况不仅降低了决策的有效性，还可能导致资源的浪费。

导致业务与数据不同步的主要原因是沟通不足和系统割裂。业务部门与数据管理团队之间的交流往往不够频繁，缺乏明确的协作机制，这会造成数据的收集和分析不能及时响应实际需求。此外，许多企业的不同部门各自使用独立的数据管理系统，形成信息孤岛，数据难以整合和共享。因此，解决业务与数据不同步的问题，需要建立跨部门的沟通渠道，并整合数据管理系统，以实现信息的高效流通。

2. 数据利用不充分

数据利用不充分是另一个严重制约企业数据资产运营的难点。数据利用不充分的原因主要在于企业数据分析能力不足和工具应用不当。很多企业数据分析领域的专业人才匮乏，导致无法开展深入的数据分析工作。同时，虽然市场上存在多种数据分析工具，但一些企业在使用这些工具时缺乏系统的培训和指导，未能充分发挥工具的功能。因此，企业需要加强数据分析人才的培养，并建立完善的数据分析流程，以提升数据利用的效率和效果。例如，企业可能拥有大量的客户数据，但由于缺乏专业的数据分析人才，无法从中提取有意义的信息，最终未能推动业务增长。

3. 数据共享不全面

数据共享不全面是企业在数据资产运营中面临的第三大难点。有效的数据共享能够促进信息的流通和业务的协同，然而，许多企业在这方面却遭遇诸多挑战。之所以会出现数据共享不全面的情况，主要是因为对隐私与安全的顾虑以及缺乏标准化。企业在面对日益严格的数据隐私法规时，往往对数据共享持谨慎态度，导致数据在内部和外部之间难以流通。

此外，企业内部缺乏统一的数据标准和规范，不同部门之间的数据格式和质量存在差异，进一步阻碍了数据共享的实现。这不仅限制了数据的使用范围，也妨碍了跨部门的合作与创新。为了克服这一难点，企业需要制定明确的数据共享政策，建立统一的数据标准，确保数据在安全合规的前提下实现高效共享。

数据资产运营面临的三个主要难点——业务与数据不同步、数据利用不充分以及数据共享不全面，直接影响了企业的决策效率和创新能力。为解决这些问题，企业应加强部门间的沟通与协作，提升数据分析能力，建立统一的数据标准，从而实现数据资产的最大化利用。只有克服这些难点，企业才能在快速变化的市场环境中保持竞争优势，推动持续发展。

8.2 数据资产运营实施路线

为了有效开展数据资产运营，企业需要在各个环节配置相应的人力资源，以建立具备持续运营能力的数据资产运营平台。本节将通过"看、选、用、治、评"5个步骤，为企业构建数据资产运营平台提供方法参考，如图 8-1 所示。

看	选	用	治	评
组织登记	宣传推广	服务保障	治理优化	价值评估
将对业务有帮助的数据资产进行完整信息登记	通过各种营销手段和方案，激发业务人员对数据资产的兴趣	搭建一个可看、可控、可追溯、可预警的服务保障平台	登记使用问题、人工修正或下发治理任务，不断迭代优化数据资产、形成正向循环	对数据资产价值进行评估，同时将价值信息定期上报管理层并合理展示给业务员

图 8-1　数据资产运营平台搭建的 5 个步骤

8.2.1 组织登记

组织登记是数据资产运营的重要起点，可确保企业能够有效利用数据推动业务发展。以下是对组织登记各个步骤的详细分析。

1. 掌握现有数据

资产运营人员首先需要全面了解企业内部的所有数据资产，确保数据的标准性和可用性，这一步骤可为后续的数据管理和利用奠定基础。资产运营人员可以通过以下几个步骤达成。

1）数据审计：通过对企业现有的数据库、数据表进行审计，收集数据的来源、类型、结构等信息。

2）分类和标注：根据数据的性质和用途对数据进行分类，如按业务部门、数据类型（结构化、非结构化）等进行标记，以便后续查找和管理。

3）建立标准化体系：制定数据标准和规范，包括数据命名规则、数据格式等，确保不同部门在使用数据时有一致的理解。

掌握数据需要资产运营人员跨部门协调。在大规模企业中，各部门使用的数据可能各异，如何协调不同部门的需求，就数据结构达成一致是一个复杂的问题。同时也要注重权限管理，不同数据在访问权限方面的需求不同，要确保数据的安全性和合规性，就需要建立健全的权限管理体系。

2. 收集业务需求

在全面掌握现有数据的基础上，资产运营人员需要通过以下几种方式识别和收集具体的业务需求，以确定哪些数据资产是有价值的。

- 与一线业务人员沟通：通过访谈、问卷调查等方式收集业务人员的需求，了解他们对数据的具体要求。
- 流程分析：深入了解业务人员的工作流程，识别关键数据点，这有助于准确提炼出业务所需的数据标签。
- 需求优先级评估：对收集到的需求进行优先级排序，优先满足影响业务决策的核心数据需求。

需要注意的是，资产运营人员要时刻关注需求变化，数据资产的时效性强，业务需求可能随市场变化而变化，运营人员需要保持灵活性，及时更新数据登记信息。同时，在沟通中尽量减少双方障碍，不同业务领域的人员使用的术语可能不同，资产运营人员须具备一定的业务知识，以便准确理解需求。

3. 信息登记上架

信息登记上架是指通过有效的信息登记和上架流程，使数据资产能够被业务人员访问、使用并产生价值。资产运营人员可以通过以下几种方式登记数据资产。

- 管理工具：使用专门的管理工具来实现数据资产的登记、展示和管理。工具应支持数据资产申请、审批、使用记录和用户反馈等功能。
- 上架流程：资产运营人员在确认数据资产价值后，选择合适的业务范围，提交上架申请，经过管理层审核后数据资产正式上架。
- 用户反馈机制：建立反馈机制，收集数据消费者对数据资产的使用反馈，以不断优化数据资产的管理和使用。

数据资产在登记上架后，需要关注使用率，定期监控数据资产的使用情况，识别长期不使用的数据资产并进行下架处理，确保资源的有效利用。建立系统通知机制，在数据资产下架时，应及时通知相关业务人员，确保他们能在使用数据资产之前收到相应的通知和替代方案。

信息登记上架是数据资产运营的基础，通过全面掌握现有数据、收集和分析业务需求、对有效信息登记上架，企业能够更好地利用数据推动业务发展。成功的登记和管理流程不仅能够提高数据的可用性和价值，还能为企业在竞争中获得更大的优势。

8.2.2 宣传推广

宣传推广是数据资产运营的第二步。与其他产品销售类似，数据资产的运营也离不开宣传推广，需要做好市场调研分析，制定合适的营销策略，多渠道宣传，挖掘潜在客户。做好宣传推广需要完成以下步骤。

1）激发兴趣与选择合适数据：资产运营人员通过各种营销手段激发业务人员的兴趣，帮助他们选择适合的、能够满足业务需求的数据资产。

2）有效包装与推广数据资产：初期阶段，由于数据资产对业务人员来说是新概念，运营人员需要有效包装和推广这些数据资产，以便其能够在实际业务中应用。

3）营销知识与业务理解：资产运营人员须具备运营和营销知识，并理解具体的业务场景，以便准确传达数据资产的价值。

4）持续更新与宣传新标签：在数据资产不断更新的过程中，数据资产运营人员需要对新标签和高质量标签进行包装和营销，确保业务人员及时了解新信息。

5）制定产品推广策略：推广应以点带面，初期集中在已有标签上。资产运营人员与种子用户接触，撰写吸引人的广告文案以吸引业务人员的注意。

6）做好订单跟踪和反馈：需要定期安排业务人员对比使用前后的状态，并监控标签的调用频率。如果调用频率增长，表明业务人员对其依赖加深，标签的价值逐渐显现。

7）验证资产价值与持续推广：验证数据资产的价值后，持续宣传推广有效标签信息，包括推荐适合业务场景的高质量标签、分析新用户需求、包装成功案例等。

8）挖掘客户新需求：宣传推广不仅可以引导业务人员对现有数据资产的使用，还会产生新需求。资产运营人员需对新需求进行评估、设计和登记上架，逐步完善数据资产体系。

通过有效宣传推广，可以提升业务人员对数据资产的使用频率和依赖度，推动数据资产客户形成新需求，倒逼资产运营系统完善，进入正向循环。

8.2.3　服务保障

服务保障是数据资产运营的第三步。服务保障的核心步骤有以下几个。

1）建立服务保障平台：搭建一个可视、可控、可追溯、可预警的服务保障平台，以便业务人员安心使用数据服务。

2）多种服务数据整合：通过与分析、圈人、推荐等服务组件结合，形成多样化的数据服务，供上层应用调用。

3）上层应用整合：审核所有调用数据服务的上层应用，确保其经过授权，以防止数据泄露。

4）保障服务调用性能：确保服务的响应时间、每秒请求数（QPS）和数据处理量，采用负载优化和流量控制机制，以避免服务阻塞。

5）建立监控体系：建立完整的服务监控体系，自动发送告警邮件给运营和技术人员，及时修复异常服务。

6）定期监控报告：定期提供服务监控报告，分析服务调用情况，制定相应的运营策略，以确保服务的正常运行。

通过以上措施，可以保障数据服务的稳定性和可靠性。加强审核授权和性能保障监控，能够有效防范数据安全风险，提高服务效率。

8.2.4 治理优化

治理优化是数据资产运营的第四步，旨在提升数据的质量、可用性和安全性，从而实现更高效的数据管理和价值创造。资产运营人员需记录和修正数据资产使用过程中出现的问题，并不断迭代优化数据资产，形成正向循环。在此过程中，运营人员应持续关注数据资产，及时登记业务人员反馈的问题，并触发工作流任务。核心要素包括如下几项。

1）数据质量提升：在使用过程中提取常用数据，删减非常用数据，契合数据应用场景，确保数据准确、完整，支持有效决策。

2）明确政策与标准：数据资产交易市场规则仍在建设中，中央及地方不断出台新的政策和法规，企业需要及时了解最新政策方向，制定和实施数据管理政策与标准，规范数据的分类、存储和使用。

3）架构整合优化：树立多部门联合意识，在数据资产使用过程中，优化数据存储与处理架构，促进数据在不同系统之间的整合与共享。

4）生命周期管理：数据资产时效性强，需要根据不同数据资产类别判断生命周期，有效管理数据从创建到销毁的全生命周期，确保在适当时机有效使用数据。

此外，对于正常使用的数据资产，需定期评估其使用价值和资源占用情况，清理长期不使用或性价比低的资产，以优化数据资产体系，避免影响新资产的设计与落地。

总之，资产运营人员只有持续对数据资产进行治理和优化，才能使数据资产真正发挥价值。

8.2.5 价值评估

价值评估是数据资产运营的重要环节。在这一过程中，运营人员需对数据资产进行全面价值评估，并定期向管理层报告相关信息，以便业务人员能够有效利用这些资产。

数据资产的价值评估主要依赖于其实际使用情况。其中，标签的使用频率是关键指标之一。如果某个标签被频繁使用，说明其潜在价值通常较高。然而，仅凭调用次数来评估标签价值是不够全面的。例如，一些基础标签（如"用户姓名"）虽然调用频繁，但其实际业务价值有限；相对而言，一些特定的关键标签（如"用户信用评分"）尽管使用频率较低，却可能对业务产生重大影响。因此，在进行价值评估时，应综合考虑多个指标，包括如下几个。

- 使用准确性：标签数据的准确程度。
- 关注度：标签在业务流程中的重要性和影响力。
- 调用次数：标签被使用的频率。
- 可用性：标签在实际应用中的适用性和可获取性。
- 性价比：标签产生的价值与其成本之间的比例。

运营人员可以通过价值评估模型计算出数据资产综合价值评分，并对数据资产进行排名。此外，运营团队需根据具体需求制作数据资产的价值看板或报表，并向管理层进行汇报。同时，通过登记和同步的方式在资产门户展示这些信息，帮助业务人员判断数据资产是否能满足其需求。

通过这种系统化的价值评估流程，企业能够更好地管理和利用其数据资产，提高整体运营效率和决策水平。

8.3　数据资产运营的 4 个目标

企业数据资产是指由企业业务经营或内部管理形成的、由企业拥有或者控制的、会给企业带来价值或利益的数据资源。数据资产的特点是有较好的组织形式，并通过这种组织形式实现数据资产的"看、选、用、治、评"链路。因此数据资产运营的目标就是提高数据资产可读性、理解性，强调数据资产使用性，从而提升数据资产的价值属性。最终目标是通过有序的正向循环不断提升数据资产的价值，使之变成企业的核心增值资产。

1. 可读性

数据信息若仅存放在数据库中，依赖数据表和字段展示，会导致只有具备数据库基础的人员才能读取数据，业务人员因此失去直接访问数据的能力和兴趣，从而严重限制他们对数据的使用。长此以往，会产生以下几个问题。

- 多次传递后的信息易偏离原意，技术人员反馈的信息与业务人员的需求不契合。
- 数据信息传递、反馈周期漫长，与业务及时性不符。
- 技术资源匮乏，业务人员对数据信息查询的需求与技术资源匮乏相矛盾。

因此，需要建立一个数据信息的读取门户或资产地图，让业务人员能够直接操作。通过简单的检索、分类查找和智能推荐，业务人员可以便捷地获取数据信息。此外，数据信息应以业务人员习惯的阅读方式呈现，而非以技术人员习惯的组织形式展示。

2. 理解性

数据信息除了要可阅读，也要容易理解，因此需要将数据资产标签化。标签化是一种面向业务的数据组织方式，通过业务人员理解事物的方式来确定对象，并围绕特定对象的属性进行描述。因此，数据资产首先是以对象为基础展开的。

在实务中，业务人员难以判断数据信息中字段的生产加工逻辑、数据血缘、有效值覆盖量、历史使用情况等信息，无法判断是否是本业务可用数据。只有经过良好组织和标签化且具备面向业务组织形式的数据才能称为数据资产。

3. 使用性

一旦业务人员理解了数据资产，他们会面临如何有效使用的问题。若采用传统方式，业务人员会告知开发人员需要哪些数据字段，后者再编写数据服务接口，以供业务系统或应用使用。但是这样做会有较长的反应时间，无法做到及时满足业务人员使用需求。

数据服务是数据运营的核心，旨在根据不同用户需求和场景构建相应的服务和产品，以发挥数据的价值。通过数据服务体系，业务部门可以直接配置和使用数据，而无须详细描述需求。此外，数据服务配置和生成迅速大幅缩短了编程时间。如果需要修改数据资产或调整性能要求，只需更改参数设置，这显著降低了试错成本。

4. 价值性

数据资产运营的最终目的是提升数据的价值，因此应围绕资产价值开展工作。在使用数据资产的过程中，应记录调用信息、效果反馈和业务信息等，以评估其价值。

当经济价值难以衡量时，可以通过调用信息来间接评估，例如分析标签的历史调用量、平均每日调用量及其趋势等。此外，通过比较使用和未使用数据资产服务的业务在核心指标（如用户黏性、转化率等）上的差异，也能衡量数据资产的价值。

对于一些传统企业，尽管无法自动记录业务变化，也可以通过客户访谈和反馈评估数据资产的价值。对于探索数据价值的直接体现，互联网公司可利用大量信息化数据，计算某项数据服务带来的收益增长，从而确定其价值。数据运营的 4 个目标如表 8-1 所示。

表 8-1　数据运营的 4 个目标

目标	解释	实现方法
可读性	以业务人员的阅读习惯呈现数据信息，方便业务人员直接上手使用	建立存有数据信息的读取门户或者资产地图，减少专业技术性操作
理解性	业务人员能够通过标签来分类、评估数据	通过业务人员理解事物的方式来确定对象，建立围绕特定对象的标签
使用性	方便业务人员直接查看、查询、分析、使用数据	通过数据服务体系，实现对数据使用方法的抽象，供业务部门理解后直接配置使用
价值性	确保数据价值随着数据资产的使用而提升	记录调用信息、效果反馈、业务信息等所有可以用来评估数据资产价值的信息

8.4　数据资产运营平台构建链路

数据资产确认之后，企业内部需要搭建运营平台，展示企业内部可交易的数据资产，供数据需求方选择。数据资产的管理不能止步于数据资产交易的实现，在实务中，数据资产交易的对象是数据资源持有权、数据加工使用权及数据产品经营权，在交易中通常属于许可使用，非实物的交割和转移，因此做好数据资产治理工作尤为重要。与此同时，数据资产运营需结合数据资产交易情况，对数据资产价值进行动态评估，提升数据资产运营效率，实现数据资产价值最大化。

1. 构建预览平台

在整理好数据资产后，企业需要搭建一个合适的平台或者门户，供数据需求方便捷、详细地了解数据资产的内容，从而选择所需项目，以达成交易。平台需要提供数据资产的基本信息、适用的场景等。

2. 选择所需对象

数据需求方查看资产信息后，可以选择所需的数据资产对象，为后续使用做准备。选择的方式多样：传统企业可能通过文档记录和提报的方式；信息化程度较高的企业则可生成数据申请的信息流；而数据管理水平较高的企业可以通过资产管理系统，将所需数据加入购物车或收藏夹，方便业务人员查看、研究和复用。数据需求方选择好所需数据对象后，数据供给方要生成相应的服务接口或数据应用。

3. 实现资产价值

一旦数据需求方选中所需的数据资产，就需通过相应的服务接口或数据产品来使用。数据资产的使用是运营中的核心环节，与价值体现密切相关，其核心目标是通过持续迭代来最大化数据资产的使用价值。

4. 数据资产治理

数据资产治理分为业务层的标签治理和存储层的数据治理。标签治理的内容包括标签设计、上下架管理、类目管理、血缘分析、元标签标准、质量评估和使用安全等；数据治理则涉及数据表/字段的生命周期管理、血缘分析、元数据标准、数据质量评估和安全方案等。

5. 数据资产评估

数据资产需要基于统一标准进行完整、系统地评估，评估角度包括质量、使用、成本和故障等多个维度。评估依据除了系统产生的调用次数和频率外，还包括业务人员对标签使用的反馈。只有形成评估信息，数据需求方才能全面理解数据资产的质量、应用价值和风险，最终实现数据资产价值的最大化。

8.5 数据资产运营平台构建

数据资产运营平台可以按照"一源三端"的模式构建，即基于统一的资源池，实现 PC、大屏、移动三端的数据资产协同管理，将公司内部数据资源集中规划，一站式满足数据运营、对外成果宣传及数据随需随取等多种场景的数据日常应用需要，为数据资产管理提供数智化运作基础和体系支撑。

1. PC 端支撑业务分析

共享数据平台的 PC 端专注于价值创造，针对宏观决策、中观管理和微观应用等不同层次，形成了多种数据应用场景，如对比分析、决策支持和预测研判，推动财务从"规则处理型"向"数据分析型、决策支持型、管理精益型"转型。PC 端涉及如下几个部分。

- **经营总览专区**：目标是服务管理层，围绕公司的核心业务，从多个视角评估公司的经营效率和效益，动态反映公司运营的全过程。该专区包括业绩考核、月度分析、多维专报、监管与非监管及价值评价等 14 个应用场景，重点支持管理层掌握公司的整体经营动态、绩效水平、核心指标及其变化趋势，并自动生成经营月度报告，助力智慧决策。
- **专业应用专区**：专注于财务各个专业领域，涵盖全面预算、会计核算、资金管理、基建财务、稽核风控和财税管理等模块，为用户提供精准、高质量的专业信息平台，支持各专业数据的横向融合与共享，挖掘数据潜力，通过直观的看板数据为决策提供精准支持。
- **基层创新专区**：服务于各基层单位，利用统一平台和集中资源为各单位设计个性化场景应用，支持各层级单位之间的数据互动，激发基层的创新活力。该专区的应用有效降低了基层企业获取管理信息的难度，有助于打破信息孤岛，减少重复劳动，提高工作效率。

2. 大屏端辅助战略决策落地

大屏端中心包含 1 个主界面和 3 个子场景模块。主界面为财务概览专区，3 个子场景模块分别为经营绩效专区、价值引领专区和专业应用专区。

- **财务概览专区**：主要展示财务工作概览和战略重点等信息。
- **经营绩效专区**：包括业绩考核指标、其他经营效益指标及基层单位价值贡献分析等内容。
- **价值引领专区**：介绍公司价值评价模型及多源数据场景，公司价值评价模型分为经营孪生"一张网"、价值评价"一模型"和投入产出"三本账"三部分。多源数据场景基于 PC 端和各地市公司的场景建设情况进行集成。

- **专业应用专区**：用于展示大屏端应用，在这里与决策相关的关键经营数据得以充分整合并直观呈现，极大地增强了数据的可读性和有效性，为决策提供了便捷、高效的支持。

3. 移动端助力业务远程处理

如图 8-2 所示，移动端的功能模块包括业绩考核、价值贡献、经营动态 3 个子功能栏，根据公司具体情况、其他分公司和子公司的权限不同进行差异化配置。移动端大幅提升了共享数据运营平台的灵活性，使得数据的获取和应用更加及时和准确。

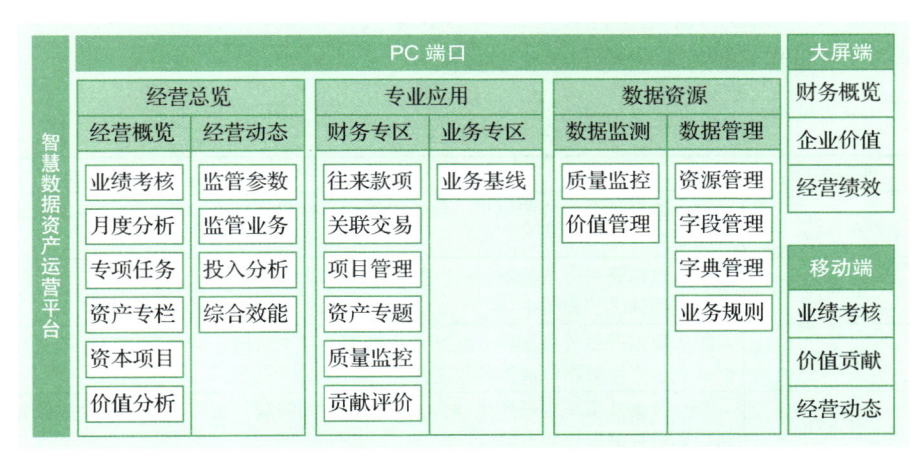

智慧数据资产运营平台	PC 端口							大屏端
	经营总览		专业应用		数据资源			财务概览
	经营概览	经营动态	财务专区	业务专区	数据监测	数据管理		企业价值
	业绩考核	监管参数	往来款项	业务基线	质量监控	资源管理		经营绩效
	月度分析	监管业务	关联交易		价值管理	字段管理		移动端
	专项任务	投入分析	项目管理			字典管理		业绩考核
	资产专栏	综合效能	资产专题			业务规则		价值贡献
	资本项目		质量监控					经营动态
	价值分析		贡献评价					

图 8-2 智慧数据资产运营平台搭建

8.6 数据资产运营平台构建的保障措施

数据资产运营平台要持续稳健运营，运营团队必须做到两个保障。一是数据资产质量保障，二是数据资产安全管理保障。数据资产质量决定数据资产的价值。高质量的数据资产更容易在数据交易市场得到青睐。由于数据资产大多依靠平台保存，一旦数据资产出现安全漏洞，可能对企业造成毁灭性打击，数据资产安全则保障数据资产能产生持久长远的效益。

8.6.1 数据资产质量评估

我们可以从源头数据质量、加工过程质量和使用价值质量3个方面来系统阐述数据资产质量评估体系。4.2.3节和6.2.2节均涉及数据质量的相关标准介绍，在数据资产运营平台的搭建中，需要针对后续运营实践制定相关的数据质量指标。

1. 源头数据质量

数据资产质量首先与源头数据质量密切相关。若源头数据存在不完整、不准确或不及时的情况，将会对后续的数据资产质量产生负面影响。表8-2列出了衡量源头数据质量的一些典型指标。

表 8-2 源头数据质量指标

典型指标	指标解释
安全性	源头数据是否为合法取得、是否得到用户授权许可等，会间接影响数据资产的安全性
准确性	源头数据是第一现场取得、间接获取还是边缘推算得出，将与数据资产最终的准确性密切相关
稳定性	源头数据产生的稳定性，包括产生周期、产生时段、产生数据量、产生数据格式、产生数据取值等的稳定性
时效性	源头数据从第一现场产生到传输录入的时间间隔。行为类数据的时效性会间接影响数据资产的准确度
全面性	源头数据是否全面，各个层面的数据是否都能整合打通，是否能进行全域计算

2. 加工过程质量

数据资产质量还与数据资产的加工过程相关。在加工过程中，规范性和时效性会影响最终资产的覆盖率和完整度，这些都是加工过程的质量指标，如表8-3所示。

表 8-3　加工过程质量指标

质量指标	指标解释
测试准确率	数据在建模、测试过程中得到的准确率,是一种类似试验性质的初始准确率,供参考
产出稳定性	数据每天计算、加工、产出时间的稳定性,能否准时产出,这也是业务使用时重点考虑的指标
生产时效性	数据生产所耗费的时间,时间越短,时效性越强。这个指标对实时类数据尤为重要
覆盖量	具有某标签的标签值的对象个体数量。每个对象个体的数据完善程度不同,同一个标签能覆盖到的对象群体也不同。例如用户信息中,可能有些用户登记有性别信息,有些用户没有登记性别信息,因此性别这个标签的覆盖量就是那些有性别信息的群体量
完善度	数据有很多元数据信息,即数据的"数据",这些元数据信息的完善程度是业务使用的可用性指标
规范性	数据的元数据信息,需要按照标准的格式规范对数据进行登记,检查现有数据的元数据信息是否合规,合规程度如何
离散度	标签取值是集中在某个数值区间或为某几个取值,还是呈现相对平均的分布趋势。离散度没有绝对的好坏,一般场景下离散度越大越好,说明人群在该标签属性下均匀分布,具有不同特征值

3. 使用价值质量

在大数据时代,企业通常通过数据分析、挖掘和应用来实现数据的价值。作为无形资产,数据资产的价值应通过其提供的数据服务或应用所带来的经济效益提升和成本降低来评估。因此,合理评估数据资产的使用价值对于有效管理这些资产至关重要。

数据资产质量会体现在数据资产的使用过程中,笔者归纳的与数据资产使用价值相关的质量指标如表 8-4 所示。

表 8-4　使用价值质量指标

质量指标	指标解释
使用准确率	数据在使用过程中,经过业务场景验证、反馈得出的准确率,这是一种较为真实的数据正确率
调用量	数据平均每日的调用量、今日当前累计调用量、历史累计调用量、历史调用量峰值都是可参考的调用量信息,反映该数据被业务采用的真实调用次数

（续）

质量指标	指标解释
受众热度	数据被多少业务部门、业务场景、业务人员申请使用，这可以反映数据的适用性、泛化能力
可用率	数据在真实使用场景中，历史总调用成功次数占历史总调用次数的比例
故障率	数据在真实使用场景中，历史故障时长占历史总服务时长的比例
关注热度	对数据在数据集市中被搜索、浏览、收藏、咨询、讨论等进行综合计算后得出关注热度
持续优化度	数据产品是在被开发人员持续迭代优化还是尚处于开发阶段，反映了数据产品经过反复迭代、持续优化的程度
持续使用度	数据被业务人员申请使用后，平均持续调用的时长、频率，这反映了数据能够真正给业务带来的价值
成本性价比	数据加工过程中所投入的数据源成本、计算成本、存储成本，与数据为业务带来的价值的比值。这是一个纵观成本和价值的平衡指标

8.6.2 数据资产安全管理

在构建数据资产运营平台时，实施安全策略是保障数据资产安全的重要环节。如果数据资产出现安全漏洞，可能会对企业造成严重损害。接下来，将从数据资产的分级分类管理、数据脱敏和加密，以及监控和审计 3 个方面探讨数据资产的安全管理。

1. 分级分类管理

对于数据资产安全管理，数据分级分类是前置性工作。从安全角度出发，需要对系统中存储、传输和处理的数据进行分类，并为每类数据分配相应的安全保护等级。一般按照属性、特征进行安全类别划分，然后分级制定数据安全防护措施。通过对数据安全级别进行划分，可以确保数据的安全使用。同时，可以通过业务应用反推数据资产的重要性，从而实施分级管理。资产分级分类的方式通常包括以下几个。

- 根据数据资产与核心业务的关联度进行划分：如果某个数据资产对核心业务至关重要，则其安全等级会较高。例如，在营销系统中，订单表、客户信息表、财务流水表与核心业务紧密相关，因此它们的安全等级较高。而基于核心数据衍生出的统计或关联数据，其安全等级通常会低于核心数据。

- **按照资产的敏感性进行划分**：可以参照《金融数据安全数据安全分级指南》，按照"国家、公众权益、个人隐私、企业合法权益"4个影响对象，"不影响、轻微影响、一般影响、严重影响"4个程度影响程度将数据安全分为多个等级。不同授权等级的数据由不同等级的人员使用。
- **根据数据资产的更新周期进行划分**：依据数据资源的更新频率，可以将数据安全分为实时更新、每日更新、每周更新、每月更新、每季度更新和每年更新等多个类别。

2. 数据脱敏和加密

数据脱敏（去隐私化）技术通过仿真、随机、乱序、遮蔽等方式处理数据，以避免敏感数据泄露，旨在防止非法获取有价值信息。同时，应确保用户能够根据其业务需求和安全等级分层访问敏感数据。这种数据保护措施在业务人员访问系统数据时，会实时筛选数据，并根据访问者的角色权限或数据安全标准对敏感信息进行模糊处理。

资产脱敏管理主要包括两大部分：数据屏蔽和存储数据加密（服务器敏感数据隔离）。屏蔽方式有全面屏蔽、部分屏蔽、替换和乱序，而加密则支持 DES 和 RC4 算法。脱敏设置提供多种方式，如"屏蔽"和"替换"，用于转换查询或导出的数据。脱敏是一种不可逆的操作，经过处理的数据无法还原为原始内容，从而有效防止数据泄露，达到"数据可用但不可见"的目的。数据加密涉及对存储数据的处理，配置后存储为密文，使用时需先解密。数据加密能够防止通过"拖库"操作直接泄露存储介质中的信息。

3. 监控和审计

数据资产监控涵盖对数据资产存储、质量和安全使用的全面监控。监控规则通常基于通用和自定义的审计标准进行验证和检查，并结合可视化工具对存在问题的数据和任务进行记录与展示。对于有缺陷的数据资产，需提供多种处理方案。

常见的质量、存储、安全监控主要包含如下几个方面。

- 表记录数波动监控：通过对特定表分区的行数与历史数据进行比较，计算出波动值，从而判断是否超过设定的阈值。
- 字段统计值波动监控：对指定表中的某一列进行统计，并将结果与历史数据进行对比，以计算波动值。此外，还可以将波动值与用户设定的期望值进行比较。
- 数据量监控：通过对整张表或其分区与历史数据进行比较，计算出波动值，以判断是否超过设定的阈值。
- 数据资产质量指标监控：为每个标签设定最低质量阈值，以判断质量是否降至该值；或将质量指标与历史均值进行比较，计算波动值，从而判断是否超出设定阈值。
- 数据资产分级分类监控：定期进行扫描，以确保数据资产按照标准进行分级分类。同时，监控数据资产的使用人员是否在其权限范围内访问、查询、同步和下载数据资产，防止出现违规操作。

在数据资产监控过程中，建立完整的审计机制是至关重要的。首先，需要从审计体系规范建设入手，制定清晰的数据资产审计办法以及专职人员审计办法。审计对象应包括数据权限使用制度及审批流程、日志留存管理办法、数据备份与恢复管理机制，以及监控审计体系规范和安全操作方案等。为保障集中审计的可行性，必须确保这些制度规范得到有效实施。由于数据资产与具体业务场景密切相关，因此在管理中需特别关注权限和安全问题。通常情况下，数据资产的可见性和可用性与业务人员所在的部门或项目紧密相关。在实践中，实际使用数据资产的并非特定的个人，而是其所代表的组织。因此，业务人员在请求使用某个数据资产时，必须提交审批，经过业务部门和数据资产部门的审核后方可使用。同时，若业务人员转岗至无法使用该数据资产的部门，其访问权限也应及时取消，以确保数据的安全性与合规性。

数据安全审计通过记录用户在数据中台上的所有活动，成为提升安全性的重要工具。不断收集和分析安全事件后，可以选择性地对特定用户进行审计跟踪。数据安全审计不仅有助于发现已发生的破坏性行为，还有助于为可能产生的安全风险提供有力证据，从而增强整体安全防护能力。定期的审计和分析可以帮助组织及时识别潜在威胁，优化安全策略。

8.7 数据资产持续运营战略指导

在当前数据驱动的商业环境中，企业需要通过有效的数据资产运营持续优化其价值，建立全面的数据资产运营评价指标体系，并利用实时监测和反馈机制，驱动数据资产的持续改进。以下将从 3 个视角对此进行详细讨论。

1. 数据资产自身评估

数据资产自身评估是对数据的质量、结构、完整性和安全性进行全面评估的过程。这一过程确保企业拥有高质量、可靠的数据。可从以下几个维度对数据资产进行评估。

- 数据质量：包括数据的准确性、一致性、完整性和及时性。企业需要设定具体的质量指标，例如数据错误率、缺失值比例等，定期进行质量检查和评估。
- 数据可用性：评估数据在业务决策中的可用性，包括数据的获取难易程度和存取效率，可以通过分析数据检索的响应时间、用户访问频率等指标来衡量。
- 数据安全性：考量数据的安全保障措施，对访问控制、加密保护和合规性等相关措施定期进行安全审计和风险评估，确保数据不受威胁。

2. 数据资产供给流程评估

数据资产供给流程评估关注的是数据在采集、存储、处理和分发过程中的效率和效果。优化数据供给流程可以显著提高数据的可用性和价值。数据资产供给流程的主要评估维度如下。

- **数据采集效率**：评估数据采集的速度和准确性。例如，设定数据采集的周期性目标，监测数据入库时间及采集错误率。
- **数据处理效率**：考量数据清洗、转换和存储的效率，可通过监测数据处理的时间、处理错误率及数据格式一致性来评估。
- **数据分发和共享**：评估数据在内部和外部的分发效率，包括数据共享的便捷程度和共享范围。通过监测用户访问量和共享频率，分析数据的流动性。

3. 数据资产应用成效评估

数据资产应用成效评估是评估数据在业务决策、运营效率和市场响应中的实际效果。这一评估不仅关注数据的使用频率，还应考虑数据对业务结果的影响。数据资产应用成效的主要评估维度包括如下几个。

- **决策支持效果**：评估数据在业务决策中的实际作用，包括决策的准确性和及时性。通过分析因数据驱动的决策所带来的绩效变化，判断数据的贡献度。
- **运营效率提升**：监测应用数据后业务流程的优化效果，例如减少的运营成本、提高的生产效率等。可以设定相关 KPI，如流程周期时间和资源利用率。
- **客户满意度**：评估数据对客户服务和体验的提升，包括客户反馈、满意度调查等。通过分析客户数据与服务质量之间的关系，判断数据应用的成效。

通过建立全面的数据资产运营评价指标体系，企业可以从数据资产自身、供给流程和应用成效 3 个维度对数据资产进行系统评估。结合实时监测和反馈机制，企业能够及时发现问题，驱动数据资产持续优化。这种循环改进的过程不仅提升了数据的管理水平，也能为企业的业务决策和创新提供强有力的支持，从而实现数据资产价值最大化。

在持续运营数据资产的过程中，企业需要关注多个关键因素，以确保数据的有效管理和利用。以下是一些重要的注意事项。

- 数据治理机制：建立健全的数据治理框架至关重要。明确数据管理职责、流程和标准，以确保数据的质量、安全性和合规性。要定期进行数据审计和评估，可发现潜在问题并及时调整。
- 数据质量控制：持续监测和维护数据质量是数据资产运营的核心。应设定数据质量指标，定期检查数据的准确性、完整性和一致性，并采取措施修复发现的质量问题。
- 用户培训与支持：确保相关员工具备足够的数据素养，通过定期培训和支持提升他们对数据资产的理解和使用能力。鼓励跨部门合作，促进数据共享和应用。
- 安全与隐私保护：加强数据安全措施，防止数据泄露和滥用。遵循相关法律法规，保护用户隐私，确保数据合法、合规使用。
- 技术工具的选择：选择合适的数据管理和分析工具，提升数据处理和分析效率。定期评估工具的适用性，可确保数据资产能满足企业不断变化的需求。
- 持续优化反馈机制：建立实时监测和反馈机制，收集用户对数据资产使用的反馈。根据反馈定期优化数据管理流程和服务，确保数据始终能够为业务决策提供支持。
- 业务与数据对齐：确保数据资产与企业战略、业务目标高度对齐。定期审视数据资产的应用场景和价值，可确保数据的持续相关性和有效性。
- 数据共享与协作：促进部门间的数据共享和协作，打破信息孤岛。建立统一的数据共享平台，可确保数据能够被各业务部门高效访问和使用。
- 关注技术进步：密切关注数据技术的最新发展和趋势，如人工智能和机器学习等。及时引入新技术，可提升数据分析能力和运营效率。

第 9 章
25 个数据资产化实践案例

本章收集了 25 个数据资产化实践案例，聚焦于不同行业内的领先企业或组织，它们通过建立完善的数据治理框架、开发先进的数据分析工具和技术平台、制定合理的数据产品策略以及确保数据安全与隐私保护，成功地将数据转变为有价值的资产。这些实践不仅促进了企业内部效率提升和业务模式创新，还开拓了新的市场机会，为整个行业的数字化变革提供了宝贵的可借鉴经验。

9.1 陕西省文旅行业首单数据资产入表

1. 案例背景

随着文旅产业的快速发展和数字化转型的推进，数据资产在文旅行业中的重要性日益凸显。文旅行业的数据包括用户行为数据、旅游消费数据、景点运营数据等，这些数据蕴含着巨大的商业价值和潜在的经济利益。为了充分利用数据资产，推动文旅产业的创新发展，多个区域在文旅行业数据资产入表上进行了积极探索和实践。

国家层面高度重视数据资源和数据要素市场，出台了一系列相关政策文件，如《中共中央　国务院关于构建数据基础制度更好发挥数据要素作用的意见》（简称"数据二十条"）等，为文旅行业数据资产入表提供了政策支持和指导。财政部发布的《企业数据资源相关会计处理暂行规定》等文件，为文旅行业数据资产的会计处理提供了依据，进一步推动了数据资产入表的进程。

陕文投云创科技公司坚持"文化＋科技"发展理念，致力于为旅游行业的管理者、经营者、消费者提供数字文旅解决方案与数据服务。公司拥有多项发明专利、实用新型专利和软件著作权，参与制定了4项数字文旅地方标准，先后获得高新技术企业、陕西省瞪羚企业、陕西省级文化和科技融合示范基地、西安市大数据企业等荣誉称号。多年来，公司充分发挥"技术＋运营"优势，深度服务400余家涉旅企业，初步构建了数字文旅全产业共建共赢的生态模式，已成为省内数字文旅行业的领军企业。

陕文投云创科技公司依托自主研发的"惠旅云"文旅产业运营平台，为涉旅企业提供全产业链数字化服务。截至目前（本书完稿时），"惠旅云"平台累计接入景区500余家，完成交易收入突破20亿元，直接服务客户超千万，形成了大量文旅产业运营数据。

2. 数据资产化策略

陕文投云创科技公司为了更好地挖掘数据背后的价值，实现公司自有数据从资源到产品再到资产的转化，成立了数据管理委员会，以优化数据中心，建立数据管理规章制度，完善相关平台信息化建设，为数据资产入表迅速落地奠定了坚实基础。同时，公司对自有数据进行了全面梳理，数据梳理维度包括文旅产品分类、文旅票务销售类型、场馆各时段客流、区域游客年龄分类等，目的是筛选、提纯优质数据资源，并进行严格盘点清洗、加工处理，形成标准化的数据产品"文旅产业运营数据集"。数据资产内容包括3300多万个旅游产品销售数据、场馆客流数据、场馆时点流量分析数据等。

在此基础上，经北京国际大数据交易所的指导，以及第三方专业服务机构的辅导，完成合规确权、质量评价、成本归集分摊、资产登记等流程，让"文旅产业运营数据集"以数据资产的形式成功入表，实现了公司数据资产化"从0到1"的突破，也为文旅行业数据治理和规范化管理、数据资产价值评估及入表核算提供了实践经验。

3. 案例成果

2024年4月，陕文投云创科技公司凭借"文旅产业运营数据集"数据资产入表的成功实践，获批交通银行陕西省分行融资授信500万元。

陕文投云创科技公司"文旅产业运营数据集"数据资产入表项目，实现了陕西省文旅行业"首单"数据资产入表、融资应用双突破，标志着在文旅产业运营领域初步实现了数据资源化、资源产品化、产品资产化、资产金融化的数据要素流通闭环，对省内乃至全国文旅企业深度挖掘自身数据价值、加快推进数据资产化进程具有良好的示范效应。

该项目为"数据要素 × 文化旅游"提供了切实有效的实施路径，不仅提升了数据资产价值、规范了数据资源管理、促进了数据要素流通，为公司自身的发展注入了资金活力，有利于企业提高公司竞争力和发展活力，还为整个行业树立了一个标杆，是具有里程碑意义的实践，推动了文旅行业的数据资产化进程，为文旅行业的数字化转型和升级提供了有力支持。

未来，随着数字化、网络化、智能化的深入发展，数据资产在文旅行业中的作用将更加重要，数据资产入表项目也将成为文旅企业获取资金支持的重要途径之一。

9.2 四川省首单数据资产质押贷款

1. 案例背景

德阳发展控股集团有限公司下属子公司德阳市民通数字科技有限公司是

一家专注于数字科技服务的企业，其开发运营的"德阳市民通"App 和小程序，搭建了一站式城市服务总入口，是一个集合了政务服务、公共服务、生活服务、咨询服务和城市营销等功能的移动端门户应用系统。

"德阳市民通"系统作为公司的核心产品，适用范围覆盖了德阳市全域。通过这个平台，市民可以便捷地获取各类服务信息，提高了政府服务效率和市民生活的便捷性。

在系统开发和运营中，企业汇聚了用户使用行为统计数据的资源化，积累了丰富的数据资源。企业通过数据资产登记取得数据资源持有权证书，明确了数据产权，之后进一步通过数据资产入表使之成为有价值的数据资产，这些数据资源构成了"数据资产"质押贷款的基础。

2. 数据资产化策略

此项目由四川省市场监督管理局（省知识产权局）指导，四川省知识产权发展研究中心牵头，德阳市政务服务和大数据管理局鼎力支持，兴业银行成都分行和北京中金浩资产评估有限责任公司携手推动。这是四川省首单数据资产质押贷款项目。

德阳市大数据中心负责对德阳市民通数字科技有限公司平台运营数据开展合规审查、资产登记并颁发数据资产登记证书。北京中金浩资产评估有限责任公司负责对数据进行价值挖掘、资产评估、融资撮合。德阳数据交易有限公司将数据加工为数据元件，并从平台搭建、场景打造、数商对接、交易撮合等方面构建起全流程闭环服务。兴业银行成都分行以该项数据资产作为贷款质押标的物，仅用一个月左右的时间，就为企业提供授信额度 500 万元的贷款，并由兴业银行德阳分行全额落地。

3. 案例成果

2024 年 4 月，德阳市民通数字科技有限公司将企业自有社区服务平台运营的数据转化为数据资产，并将其成本归为无形资产，以数据资产登记证书质押的方式获得500万元质押贷款。

数据资产质押贷款的实现，意味着企业不再局限于依靠传统的实物资产或财务指标来获取融资，还可以通过其拥有的数据资源来证明自身的信用和价值。这对于拥有大量数据资源的科技企业，特别是初创和成长型企业来说，是一个重要的新融资渠道，有助于解决资金瓶颈，加速企业的发展。

德阳市民通数字科技有限公司通过此次数据资产质押贷款，成功地将数据资源转化为实际融资，展示了数据资产在企业运营中的重要价值。该项目也体现了数据作为新型生产要素在金融领域的应用潜力，为数据资源的价值变现和数据要素市场的建设提供了宝贵的经验和示范效应。同时，这个项目也说明，企业应加强对数据的管理和保护，确保数据的质量、安全性和合规性，以便在未来的融资活动中更好地利用数据资产。

数据资产质押贷款项目的成功，有效拓宽了企业的融资途径，也为数据这一无形资产赋予了经济价值。未来，随着数据资产化的趋势不断深化，会有更多的数据资源科技企业利用数据资产在金融领域的创新应用，为企业自身持续发展注入新的动力。这个项目也开启了银行机构利用数据资产作为贷款担保品的全新模式。

9.3　智慧医院数据资产运营模式探索

1. 案例背景

在智慧医院建设的大背景下，各级医疗机构已经承建了大量的业务系统，以不断提升医院内部的工作效率和质量，这产生了非常丰富的数据资源。在国家卫生健康委电子病历应用等级评估及互联互通的政策驱动下，为了实现各类业务系统之间的高效协同与数据共享，很多三级医院建设了集成平台，通过统一的交互机制和数据标准，简化系统间的通信。这解决了传统接口模式中的诸多弊端，并且以人或者事件为主索引，建立高质量的信息集。随着新医改的逐步深化，国家卫生健康委针对医疗行业进行了一系列可实现高质量发展的举措，比如等级医院评审、公立医院绩效考核、专科能力评价、专科质控等。国家医保局也从支付端进行支付改革，推行了 DRG（疾病诊断相关分组）和 DIP（区域点数法总额预算和按分值付费）的付费方式试点。这所有的政策都对信息化产生的数据给予了高度重视。

2023 年国家成立了数据局，从国家层面大力推动数字经济，数据作为新型生产要素，是数字化、网络化、智能化的基础，已快速融入生产、分配、流通、消费和社会服务管理等各环节，深刻改变着生产方式、生活方式和社会治理方式。在此背景下，如何从生产库的碎片数据和平台的信息数据集中获得准确、可靠、及时的高质量数据资产，来应对上级部门评审、提升医院自身高质量精细化管理、促成外部数字经济合作，成为医疗机构亟须解决的问题。本案例从数据规范性、完整性、准确性、一致性、时效性和可访问性 6 个评价维度，对南京某医院的数据质量进行探查分析。

医院普遍存在以下数据质量问题。

- 数据生产逻辑问题：医院对其业务流程的定义有差异，部分医务人员未严格按照规范流程完成业务，在源头上造成了数据质量问题。
- 数据采集方式问题：信息系统建设不完善，未全面覆盖业务工作，部分数据无法从系统中获取。
- 数据统计口径问题：各级卫生健康行政部门对医院数据的统计要求不同，财务统计口径与其他业务统计口径不一致，数据库各表之间的时间点关系不一致。
- 数据处理规则问题：各系统产生的原始数据与经过清洗、处理后存储到医院数据中心的数据不一致，或者与上报到区域卫生健康数据中心的数据不一致。

2. 数据资产化策略

南京某医院的数据汇聚和整理是一大难题，尤其涉及科室数据交叉时，数据不一致情况时有发生。临床医护人员日常工作繁忙，多专注于医疗服务，对部分评审标准所涉指标定义、统计范围、数据来源等理解不一致，致使指标数据重复维护，信息更新同步性差，数据无法有效整合和分析。这不仅增加了数据统计的难度，还可能影响医院的整体决策和战略规划。为此守正耘创大数据公司整合了数据采集、数据治理、数据分析及数据应用团队，其中数据分析团队对数据的统计口径进行梳理，并输出一套适合医院的指标统计口径，为医院重塑数据要素价值、挖掘数据背后的"黄金"、提供专业的咨询能力＋数据服务能力、挖掘医院所拥有和潜在的数据资产、充分发挥数据资产的经济价值奠定了坚实的基础。

下面就以该医院为例进行介绍。

（1）需求分析

南京某医院关于指标服务平台的需求分析如下。

- 提升医院病案首页数据质量的诉求。病案首页是反映医院医疗质量的重要数据来源，医院利用的数据60%～70%来源于病案首页。首页的数据不仅要满足国家卫生健康委的政策要求，如卫统管理、公立医院绩效考核，还要满足医保支付管理的需求，如DRG（疾病诊断相关分组）或者DIP（按病种分值付费），更要满足因精细化管理而进行业务深度分析的需求。但是，各个维度的评价体系是存在错位、冲突、重叠的，所以围绕着病案数据质量的提升，对病案数据进行管理和分析势在必行，也迫在眉睫。
- 建立全院统一指标管理平台的需求。大量政策在医院的落地，尤其是有关数据的诉求，都体现在指标化的层面，而且不同的指标之间有交叉重合的部分。因此，指标的细化能最大程度减少上报数据产生歧义，避免人为统计过程中的认知差距，以及沟通障碍导致的统计口径和效率问题，实现指标统计口径、计算规则规范化，自动统计和数值呈现数智化，实现指标数据的敏捷使用。
- 丰富的指标分析需求。指标应用于管理、服务于决策是指标价值的呈现形式之一。通过平台化指标分析应用建设，可实现各类指标数据的平均数值、中位数值、指标值的年度或月度趋势分析。对指标进行横向对比、纵向对比分析，可实现具体指标详情可查看、异常指标预警提醒等。

- 精准高效的指标数据溯源需求。为有效地对医疗服务各环节数据进行关联与溯源，应建立平台内的指标知识库、指标分析规则库、指标体系评价库和数据质控分析工具。这样就可实现对指标计算结果的科学校验，对数据进行钻取，查找数据源头。
- 自动评审、评价、分析、预测需求。为实现评审、评价、分析、预测，应建设国家公立医院绩效考核系统，定期自动提供自评报告并进行分析，包括查看评审详情（包括指标名称、标准分值、得分、评审方法、失分原因等），及时发现问题并有针对性地发起整改。
- 数字化运营转型需求。以数据为驱动，向管理要效益。在医疗领域目前质量和效益矛盾凸显，基于大数据和人工智能的医疗数据分析和挖掘，可科学合理地利用组合模型向医院管理者推荐运营模型，这些模型可以从人力资源的合理性角度、学科病种服务能力角度、医疗经济学构成角度、医疗质量角度、医疗安全角度、医疗效率角度等，推动管理者从粗放式管理向数据科学化管理转型。

（2）总体设计思路

以医疗质量效益、全方位的绩效管理为主线，推动医院在发展方式上由规模扩张型转向质量效益型，在管理模式上由粗放的行政化管理转向全方位的绩效管理，促进收入分配更科学、更公平，实现效率提高和质量提升，促进公立医院综合改革政策落地见效。这符合当前医院质量与效益管理兼顾的需要，可助力医院供给侧改革，促进医院践行"三个转变、三个提高"，如图 9-1 所示，对实现公立医院高质量发展具有重要意义。

以数据为中心，体现"点＋面＋体"结构化分析思维，助力医院实现阶段绩效考核结果目标及长期的医疗质量管理提升目标。平台深度融合"以患者为中心"的数据循证方法及追踪方法,实现指标台账数字化闭环管理,逐步实现国考、等级评定全流程无纸化,协助医院建立高效的运营管理机制。

```
                    公立医院高质量发展
            助力医院供给侧改革,实现三个转变、三个提高
```

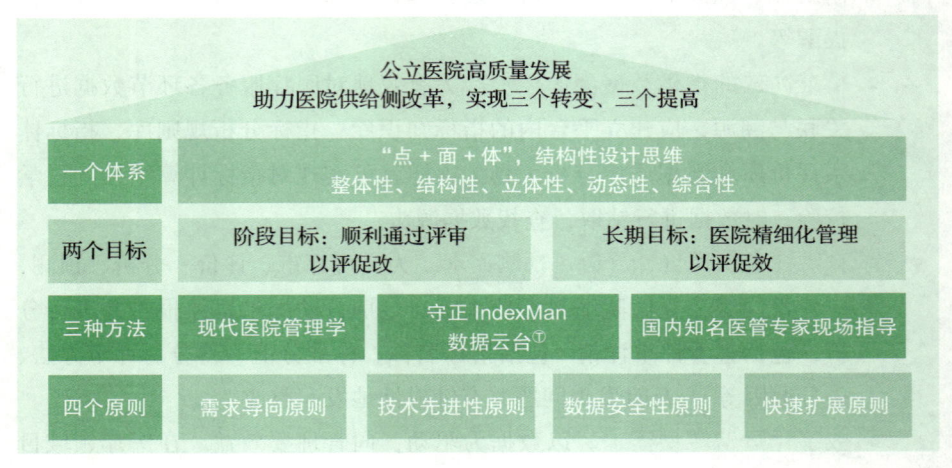

一个体系	"点 + 面 + 体",结构性设计思维 整体性、结构性、立体性、动态性、综合性		
两个目标	阶段目标:顺利通过评审 以评促改		长期目标:医院精细化管理 以评促效
三种方法	现代医院管理学	守正 IndexMan 数据云台①	国内知名医管专家现场指导
四个原则	需求导向原则	技术先进性原则	数据安全性原则	快速扩展原则

图 9-1　总体设计思路

3. 案例成果

该项目建设 1 年,构建了一个 15 人的服务团队,共涉及指标数据 1800 余项,对接系统近 20 个(涵盖医院管理系统、检验管理系统、电子病历、病案首页、人事系统、财务系统、病理系统、护理系统),自动采集覆盖率达 85%,问题数据检出率高于院内现有质控系统。该项目多次得到专家评审指导,最终成功输出数据质控报告。

9.4　智能网联汽车事故分析与智驾保险

1. 案例背景

2020 年,国家发展改革委、工业和信息化部、科技部等 11 个部委共同印发《智能汽车创新发展战略》,指出要创新产业形态和商业模式,加强智能汽车在复杂场景中的大数据应用,重点包括数据增值、金融保险等领域。鼓

励发展自动驾驶系统的研发。

智能网联汽车作为未来交通出行的重要载体，其自动驾驶功能的快速发展为车辆的安全管理和交通事故责任划分带来了巨大挑战。2023 年 11 月，工业和信息化部等国家四部委联合发布了《关于开展智能网联汽车准入和上路通行试点工作的通知》，其中明确了 L3 自动驾驶的责任归属，并要求试点使用的智能网联汽车必须购买保险。随着自动驾驶技术的发展，厂商在自动驾驶技术领域面临着重大的安全责任和经济风险，同时可能承受品牌损失。为了应对这些挑战，厂商必须高度重视安全性，并投入足够的资源进行研发和测试，建立稳健的安全管理体系。此外，与保险公司合作，积极应对事故，并通过品牌管理和营销活动来恢复公众对厂商的信任，是降低风险和维护企业可持续发展的重要措施。

随着国家 L3 试点等工作的推进，智能网联汽车即将在全国各大试点城市上路运行。但是，根据满足 L3 及以上级别自动驾驶条件的相关车企表示，现有的车险和责任险等产品费用过高，其条款和理赔模式难以高效地适应人机共驾阶段所面临的问题和挑战。从保险角度来看，智能网联汽车由于存在 OTA（空中下载技术）升级能力，并且 L3 级车辆还有人机交替驾驶的情况，因此保险需要在风险评估、数据协作、智能理赔以及风险减量等方面进行研究。

基于以上分析，保险机构面临风险评估、责任界定、数据获取与分析、保险条款与费率制定等问题。由于自动驾驶技术的复杂性和不确定性，难以准确评估事故发生的概率和损失程度。例如，不同级别自动驾驶车辆的风险特征差异较大，而现有的风险评估模型大多基于传统驾驶模式。在自动驾驶场景下，事故责任可能涉及车辆制造商、软件供应商、驾驶员等多个主体，难以明确划分。比如，当自动驾驶系统出现故障导致事故时，是制造商承担主要责任还是驾驶员承担主要责任？对此尚无明确标准。

目前，缺乏足够的车辆行驶数据来进行精准的风险定价，同时对获取的数据在处理和分析方面也存在技术和法律障碍。传统的保险条款和费率难以适用于自动驾驶车辆，需要重新设计，但目前缺乏足够的经验和数据支持。

对于车企，面临技术成熟度、成本以及责任风险问题。自动驾驶技术的不完善可能导致事故频发，从而增加保险成本和让企业声誉受损。例如，某些自动驾驶功能在特定场景下可能出现误判。为车辆配备先进的传感器和安全系统又会增加生产成本，同时可能需要承担部分保险费用或提供相关担保。在车辆发生事故时，车企可能面临消费者的法律诉讼和巨额赔偿。

保险机构和车企都面临数据的隐私安全问题，比如车主个人信息以及自动驾驶关键数据等。如何在数据合规和隐私保护下实现事故高效定责、保险产品合理定价等，是当前自动驾驶保险亟须解决的问题。

2. 数据资产化策略

具备高级别自动驾驶功能的智能网联汽车发生事故时，如何开展可信数据获取和验真，如何高效完成事故分析和保险理赔，已成为主管部门以及汽车行业、保险行业共同面临的挑战。因此，形成一套用于支撑智能理赔的数据验真与事故分析的技术方案，成为汽车与保险行业协同发展的迫切需求。零数科技联合吉利汽车研究院（宁波）有限公司、中国太平洋保险（集团）股份有限公司、太平洋财产保险股份有限公司、上海机动车检测认证技术研究中心有限公司、众链科技（北京）有限公司共同启动并完成了"智能网联汽车事故分析与智驾保险项目"的技术方案验证工作。

该项目基于可信数据空间技术，将汽车数据（包括驾驶员操作数据、行车数据、传感器数据以及环境数据等）指纹存到区块链上。当车辆发生事故后能够迅速响应、查勘并进行原因分析。在隐私计算平台上，可实现汽车行业数据与保险行业数据"可用不可见"的融合应用，并基于数据指纹进行数据验真，完成自动化事故分析，最后通过基于保险业务流程构建的智能合约实现智能理赔。具体业务架构如图9-2所示。

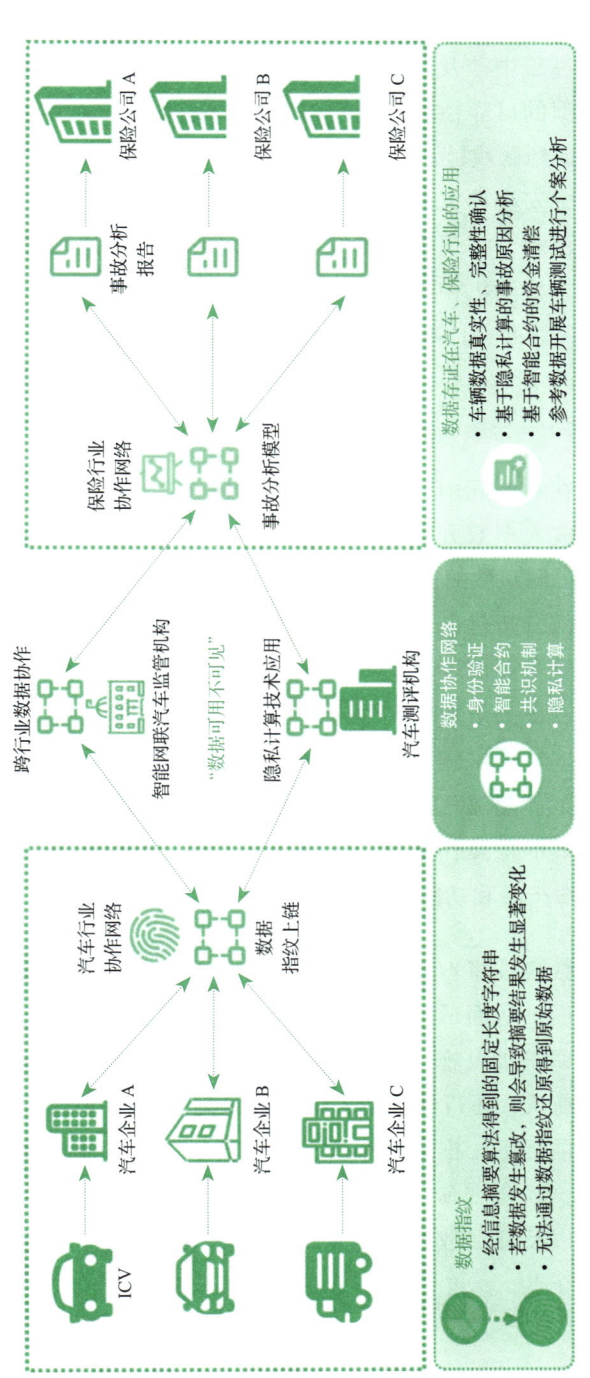

图 9-2 智能网联汽车事故分析与智驾保险业务架构图

在保险理赔过程中涉及车主个人信息、行驶轨迹和位置信息等大量隐私数据，为确保数据的可靠性、合规性以及隐私安全性，采用可信数据空间技术将关键数据存证到区块链上，让全流程可追溯和不可篡改，增加了可信度；隐私计算支持多方安全计算和可信执行环境两种实现方式，有效建立了跨主体间的数据协作机制，实现了数据的可用不可见。事故原因分析委托具有高度公信力的第三方检测机构进行，从而有效规避了车企或保险公司在事故处理中可能存在的利益冲突，确保了事故原因分析的公正性。

3. 案例成果及展望

该项目能够在短时间内对事故进行快速响应，准确识别造成事故的主要原因，并自动完成人车双方的事故关联性分析，标志着在数据算法驱动的事故分析领域取得了创新性的进展，不仅为 L3 及以上级别的自动驾驶在发生事故时进行人车责任分析提供了有效的技术解决路径，还提升了汽车保险理赔相应业务的工作效率。该项目的成功标志着汽车行业与保险行业间的数据协作将向着更智能、更高效的方向迈进。对于保险公司而言，此过程相较于以往的事故分析方式，不仅降低了人工勘察的成本和人工审核导致的误差与纠纷，还有效支撑了理赔流程的高效执行。对于车企和车主而言，该项目对双方权益起到了有效的保障作用，一定程度上消除了用户顾虑，提升了用户体验，也会促进智驾产品和功能的推广。

下一步，零数科技将首先联合众多汽车相关企业，通过数据可信共享来推动资产高效流通，从而形成数据要素产业完整的价值链闭环。其次，积极参与汽车数据流通基础设施建设，通过体系化的技术支撑确保数据流通，对使用的协议进行确认、履行和维护，解决数据流通主体间的安全和信任问题，并在隐私保护的前提下，推动汽车数据安全流通。最后探索数据资产入表和融资等相关服务，联合汽车数据生态相关服务商，服务汽车企业数据资产入表与并表业务，以及开展数据质押、数据信托等数据资本化活动，更大范围地发挥数据要素价值。

9.5 汽车大数据区块链交易平台

1. 案例背景

智能网联汽车数据具有多样性、规模性、非结构性以及流动性等特征。《"数据要素×"三年行动计划（2024—2026年）》提到要打通车企、第三方平台等主体间的数据壁垒，促进道路基础设施数据、交通流量数据、驾驶行为数据等的融合应用，提高智能汽车创新服务、主动安全防控等的水平。工业和信息化部等国家五部委在2024年1月联合发布《关于开展智能网联汽车"车路云一体化"应用试点工作的通知》，鼓励探索新模式、新业态试点工作，明确"车路云一体化"试点的商业化运营主体，探索基础设施投资、建设和运营模式，支持新型商业模式探索。在保障数据安全的前提下，鼓励数据要素流通与数据应用，推进跨地区数据共建、共享、共用。但目前，汽车数据产业的发展存在一些问题。

- 数据孤岛问题：各数据所有方之间的数据缺乏统一的格式与接口定义标准，增加了数据整合和交易的难度。此外多方数据合作信任成本高，导致无法互联互通。
- 数据质量参差不齐：智能网联汽车产生的数据来源多样，包括传感器、车载系统、用户行为等，数据的准确性、完整性和一致性难以保证。例如，某些传感器可能会出现故障，这会导致数据偏差，或者不同数据源之间的时间戳不一致。
- 数据隐私安全问题：汽车数据涉及用户的个人隐私、行驶轨迹等敏感信息，如何在交易过程中确保数据的加密、脱敏处理以及合规使用是关键问题。若处理不当，可能导致用户隐私泄露，比如用户的家庭住址、日常出行规律等被非法获取。
- 价值评估问题：确定智能网联汽车数据的实际价值并非易事。数据的价值受到多种因素影响，如数据的新鲜度、独特性、应用场景等。例如，实时路况数据在交通规划中的价值可能高于历史故障数据在车辆维修中的价值。

- **法律法规不完善**：目前针对智能网联汽车数据交易的法律法规尚在不断完善中，导致平台在运营过程中可能面临法律风险和监管不确定性。例如，关于数据所有权的界定、数据跨境流动的限制等方面的法律法规尚不明确。
- **数据生态还未形成**：目前汽车产业还未形成数据的采集、加工、交易与应用的完整生态链。

2. 数据资产化策略

针对汽车交通数据面临的各种问题，零数科技与中国汽车工业协会共同打造基于区块链的汽车数据交易平台，旨在通过可信数据空间搭建分布式汽车数据共享网络，使得数据的供给方和需求方之间形成连接，从而满足确保数据真实、数据所有权交易和数据使用权交易三个不同层次的需求，解决数据安全与数据权属问题，助力汽车数据共享和监管双落地。该平台基于可信数据空间技术实现企业间汽车数据交互与综合应用，企业能通过它建立起数据交互的信任，并完成数据及算法模型的交易。

具体来说，该平台以区块链技术为底层架构，在各个企业的数据中心建立共识节点，企业间建立数据交互的渠道，将企业脱敏数据的标签上链，采用统一格式标准，同时保证数据的确权和不可被篡改。当发生类似"刹车失灵"的纠纷时，数据的真实性将提供判断支持。在此基础上，企业可实现数据资产的线上交易和线下交割，并形成数据有偿共享的机制，从而推动整个汽车产业数据生态的建设进程。该平台的业务架构如9-3所示。

该平台使用分布式数据存储方案，即数据由各数据所有方自行存储，结合数据网关和区块链技术，使得该平台不需要中心化数据库即可完成可信数据共享，以此实现跨汽车制造商的数据互通共享。该平台还通过数据加密确权解决了多方信任问题，即通过数据索引结合 Hash 存证上链，实现了在未取得原始数据的前提下对数据进行可信存证与确权，从而搭建出存在竞争关系的企业间的合作共赢通道。另外，该平台设置了透明激励机制，解决了平等协作问题，构建了一个公平、公正、开放的数据合作生态。该平台通过智能合约和区块链数值管理实现数据定价和交易结算，促进体量不对等的企业间的协作。

图 9-3 汽车大数据区块链交易平台业务架构图

总之，该项目建立了分布式的数据共享网络，实现了汽车数据可信、安全、低成本共享流通，可保障智能汽车事故纠纷定责和无人驾驶模型训练数据供给能力，提高了智能网联汽车监管、新能源汽车基础设施金融服务与碳资产认证效率。长期来看，该项目利用的区块链，有助于划分人与人工智能的权责边界，让强人工智能的执行透明、可控、可追溯，从而推动整个汽车产业的数字化转型。

3. 案例成果

目前该平台已上线试运营，并招募了 18 个重要区块链节点单位，包括中汽协会、工信一所、北理新源、上海汽检、中汽创智、蔚来汽车、长安汽车、博世中国、零数科技等，形成了汽车数据相关索引 200 余项，同时开设图像数据、场景数据、开源数据和定制化数据交易，撮合交易额达数千万元。该平台还联合国家级智能网联示范区探索路侧数据产品化，为车路云一体化商业落地探索可操作路径。该平台获得了 2023 年全球数商大会优秀案例与信通院 2023 年度行业链等诸多荣誉。

9.6　西安市雁塔城运集团数据资产入表

1. 案例背景

西安市雁塔区城运集团作为服务单位，主要从事雁塔区环卫保洁、停车管理、园林绿化、智慧养老及房地产开发经营等业务。雁塔城运集团积极开展对国家政策的研究和建设，希望通过数据资产入表项目建设，全面反映其环卫保洁、停车管理等业务的数据资产价值，进而增强融资能力和资本运作能力。集团加大挖掘并利用现有数据的投入，以求充分展现数据价值，如将停车、环卫业务场景等数据转化为可量化、可管理的资产，从而发挥数据效能，提升服务质量。集团拟通过数据资产入表，实现数据资产在财务报表中的体现，以提高集团资产规模，降低负债率，进而增强融资能力和资本运作能力。

2. 数据资产化策略

集团在数据资产化方面采用如下策略。

- 成立联合工作组。在西安市数据局和雁塔区大数据服务中心的指导下，陕西省大数据集团和深圳竹云科技股份有限公司协同集团形成三方联合工作组。集团为配合工作开展，由总经理亲自挂帅、财务总监牵头，由财务、业务、数据、技术、运营、人力等多个部门组成工作组，旨在提高工作效能和降低沟通成本，加速推动西安城投类企业首个"数据资产"入表项目。
- 明确任务分工。在实施过程中，联合工作组调动各自的力量，由陕西丝路数据交易中心协同北京瀛和（广州）律师事务所对雁塔未来停车公司停车泊位数据集从获取、加工、运营等多个方面进行了合规性审查，由深圳竹云科技有限公司协同陕西丝路数据交易中心针对集团停车数据从场景打造、价值评估、成本归集分摊、产品设计、交易撮合等方面形成全链条数据资产化服务。

- 规划工作方案。通过数据资源摸底盘点和梳理、数据质量评估、数据合规性评估和权属分析、经济利益流入模型评估和成本投入归集分摊（分析及披露）等几个步骤实现数据资产入表，并最终在陕西丝路数据交易中心取得数据资产登记凭证。值得注意的是，在合规确权方面，着重从数据来源的合法性和数据日后在流通过程中可能出现的法律风险来分析，并确定好数据的权属关系。而在进行数据资产价值评估时，由于还未有市场交易可作为参考，故采取成本法进行评估。
- 构建应用场景。目前主要用于对内赋能，促进公司业务增长，同时降低损失和费用。例如，通过历史停车数量在不同时段的分布情况，分析出交通流量的高峰期和低谷期，从而制定更合理的收费策略，提高路侧和封闭车场的停车收入。发现并优化低效、高成本的交通运营环节，减少不必要的巡逻以降低维护成本。对停车数据进行人群画像分析，通过广告精准投放，为业务带来额外收入，以及对欠费用户进行提示和追缴等。同时，集团也在一定程度上通过数据对外赋能公共服务，如协助交通部门对道路上违停车辆及突发事件进行实时反馈，协助法院精准定位执行车辆停放位置，基于城市停车情况为城市规划提供数据支撑等。

3. 案例展望

停车数据具有市场化流通的巨大潜力，其核心在于通过数据资产化路径，形成成熟的停车类数据产品，并上架到数据交易机构，再由数据交易机构互联共通整合扩大全国类的停车数据，通过不同场景赋能各行各业。

对于城投类企业而言，数据资产入表不仅是一种财务管理上的革新，更是企业战略转型和融资模式创新的重要途径。通过数据资产的入表和运用，城投类企业不仅可以优化自身的资产结构和财务报表，还能在资本市场上获得更大的信任和支持，同时为地方政府缓解财政压力提供新的解决方案。未来，城投类企业在面临数据资产入表的机遇时，应积极拥抱这一变化，不断提升自身的数据资产管理能力，以实现可持续发展和市场竞争优势。

9.7 工业企业数智管理服务

1. 案例背景

制造业高质量发展是我国经济高质量发展的重中之重，无论是建设社会主义现代化强国还是发展壮大实体经济，都离不开制造业。因此，要在推动产业优化升级上继续下功夫。浙江省提出要加快推动制造业向数字化、绿色化、服务化转型，加快推动制造业由传统要素驱动向创新驱动跃升，在高质量发展、竞争力提升、现代化先行中打造浙江制造竞争新优势，加快建设全球先进制造业基地，实现从制造大省向制造强省跃升。

在现有的以"亩均论英雄"改革为抓手推进制造业"腾笼换鸟、凤凰涅槃"实践中，存在以下问题亟待解决。

- 企业评价不全面。无法精准评估企业维度效益；大部分规模不大的企业未纳入评价范围；一年一评，时效性不强。
- 低效整治不到位。对低效企业、低效用地掌握不全面、不精准，执法部门难以有效协同，缺乏工作闭环。
- 能源"双控"不精细。对企业用能情况无法精准掌握，对企业用能缺少预算化管理，企业用能存在无序化情况。
- 政策扶持不高效。政策复杂多样，政策审核周期长，政策绩效难以掌握。
- 金融服务不精准。银企信息不对称，授信不高效。

2. 数据资产化策略

武义县作为山区县，在制造业高质量发展转型的过程中面临着低效整治难、项目引进难、要素聚集难等瓶颈，亟须通过数字化改革撬动质量变革、效率变革、动力变革，推动发展方式实现根本性转变。由于存在部门间数据流通不畅、数据质量不高、缺乏行业模型，以及企业数据授权机制不完善等根本问题，要实现工业企业的高质量发展，必须通过数字化手段整合和优化数据资源，构建一个全面、精准、高效的数智管理服务平台——工业企业数智管理服务平台。

围绕"亩均论英雄"改革实践中地企关系不对应、企业评价不精准、低效整治不到位等难点，武义县聚焦政府治理和企业服务双向协同，开发了适用于地企对应、企业智评、低效智治、能源智控、政策智达、金融智享6个场景的服务平台。该平台可协同20余个部门，自动归集政府对企业服务与监管过程中产生的各类数据，通过数据治理、建模分析形成基于用地、用电、生产经营等核心生产要素的精准企业画像，实现企业与生产要素的一览图。同时，评价结果可应用至低效用地整治、能源双控、政策兑现、金融扶持等管理与服务中，实现更为精准的资源要素配置。

工业企业数智管理服务平台较好地归集了工业企业数据，实现了工业经济分析研判功能。该平台的具体归集对接如下。

- 该平台归集工商注册、不动产登记、税收、环保、用电、金融、奖补政策及兑付信息等涉企全量数据，构建了地企对应、企业智评、低效智治、能源智控、政策智达、金融智享6个场景。
- 协同20余个部门，如经商局、税务局、财政局、发改局、武义人行、整治办、统计局、自然资源规划局、供电公司、市场监管局、生态环境局、大数据发展中心等。
- 实现与基层治理平台、省联社信贷系统、武义云电表系统、金华市产业大脑、国家统一公共地理服务平台、臻善二三维一体化平台、金华金阳光惠农惠企平台、浙江省企业信用信息服务平台、金华市一体化平台、阿里云短信服务、浙江省一体化数字资源系统（IRS）等的对接贯通。

- 该平台协助形成了全县具有一定规模的工业企业名录信息库、土地信息库、地企对应关系信息库、奖补政策信息及认定条件、企业标签信息库、企业高质量发展评价规则算法、企业绿色发展信用评价规则算法、企业绿色信用授信模型、企业智评组件、地企对应组件、低效智治组件、能源智控组等 20 余项信息库、算法和组件，并通过浙江省一体化数字资源系统实现数据归集共享。

目前该平台的所有业务场景均已上线，各应用端均已贯通覆盖，涉及政府侧浙政钉、政府侧电脑端、企业侧浙里办、企业侧电脑端。各业务场景具体如下：

- "地企对应"场景：通过数据归集、智能匹配关联，构建土地、房东企业、租赁企业三者的对应关系，确保地企数据精准匹配，夯实地企"底座"。该场景覆盖全县工业企业，涉及 4000 多家企业和 2300 多宗工业用地。针对该场景，该平台应用了土地与建筑面积计算、企业入库预警等模型算法。
- "企业智评"场景：该平台针对这个场景实现四大突破。一是优化数据模型，按月划转税收、能耗、用地面积等数据，实现企业法人和土地双维度评价，已完成全县 3000 多家企业和 2000 余宗用地评价。二是升级评价体系，指标由原来的省定 6 项增加至 12 项，利用企业端"一键申请"模式避免统计约束，让评价更全面。三是扩大评价范围，将实际使用的建筑面积在 500 平方米以上的企业同步纳入评价，评价企业从 1361 家增至 3524 家。四是提升评价时效，由年度评价变为"一月一监测，一年一定级"，推动企业对标提升、政府对标治理。针对该场景该平台应用了促使工业企业高质量发展的评价模型算法。
- "低效智治"场景：通过建立算法模型，自动识别并筛选低效用地、低效企业及"连片整治"区块，将结果推送至监管部门及属地乡镇开展协同整治，建立整治全过程线上闭环。设置督考"三色图"，实现部门履职可评价、整治成效可感知。在地图上一键划定范围，自动计算该区域亩均效益情况，以提供决策支撑。针对该场景该平台应用了低效企业预警、乡镇整治考核、部门整治考核等模型算法。
- "能源智控"场景：创新"电企对应"体系，为全县3000多家企业安装云电表，精准掌握每家企业的用电状况，并匹配效益数据核定企业年度用电指标，对企业用电实施预算化管理，在线监测、实时预警，倒逼企业有序用电。针对该场景该平台应用了用电预警、有序用电企业排列等模型算法。
- "政策智达"场景：集成金融、税收、科技、人才等涉企政策"数据池"，建立"解析－匹配－推送－审核－公示－兑现"的智慧服务体系，变政策"企业上门找"为"政府主动送"，实现政策精准推送和快速兑现，提升企业获得感。针对该场景该平台应用了政策认定条件与指标匹配、奖补金额精准计算等模型算法。
- "金融智享"场景：通过企业生产经营数据＋政府高质量评价数据，创新企业绿色信用报告，形成绿色金融服务机制，推动商业银行实施绿色金融贷款，破解企业融资难问题。针对该场景该平台应用了绿色发展信用评价规则、企业绿色信用授信等模型算法。

3. 案例成果

该平台的创新成果在业内处于领先水平。为深化"亩均论英雄"改革体系，优化土地、能源、金融、政策等资源要素配置模式，该平台进行了七大突破性创新。

- 通过建立地企对应机制，在摸清企业底数上有新突破。由于工业企业租赁关系复杂，租赁关系变动频繁，实时掌握每个企业的用地面积比较困难。武义县通过建立一套地企对应工作机制，结合线上数据对接和线下摸排审核，实时建立地企对应关系，为亩均效益评价打下坚实基础。
- 通过完善评价机制，在对企业精准画像上有新突破。以往评价维度单一，要么是企业维度，要么是土地维度，评价不够全面、不够精准，评价时效性不强。武义县在企业高质量发展评价方面实现了4个突破。

- **通过统计数据回流，在统计数据服务企业对标提升和辅助政府决策上有新突破**。由于受统计法的制约，统计局的数据很难及时有效利用。武义县通过企业申请评价，将企业的有关统计数据给到政府侧，将数据用于经济运行分析，辅助政府决策，并将统计数据和行业排名每月返回企业，让企业对标提升，提高了统计数据的使用效率。
- **通过安装云电表，在企业用电管理上有新突破**。政府不能掌握企业用电量一直是数字化改革的痛点，武义县通过安装云电表，精准掌握每家企业用电量，为用电预算化管理、有序用电提供数据支撑。
- **通过建立数据匹配，在政策智配直享上有新突破**。为解决企业对奖补政策了解不全面、不及时等问题，武义县通过政策解析和数据匹配，将政策精准推送给企业，为制定"一企一策"和政策绩效评价夯实了数据基础。
- **通过生成绿色信用报告，在企业金融服务上有新突破**。为解决中小企业融资难问题，武义县利用数字化手段，形成"企业授权——金融机构查看绿色信用报告——授信——放款"金融服务流程，简化融资环节，实现企业融资"零材料，零见面"。
- **通过再造整治流程，在低效整治上有新突破**。低效用地整治是老大难问题，武义县通过整治流程再造，实现整治过程可跟踪，部门履职可评价，极大地提升了整治成效。

9.8 婚信宝

"婚信宝"对于推动石家庄市数据共享、激发数据价值、拓展数据应用具有重要意义，也标志着石家庄市公共数据资源开发和使用迈上新的台阶。未来，石家庄将大力实施数据要素×专项行动，让数据红利惠及更多的企业和百姓。

"婚信宝"数据产品是在石家庄市数据局主导与监管下，结合金融领域需求，遵循"原始数据不出域，数据可用不可见"的原则对婚姻数据进行建模开发得到的。该产品可向保险、银行等金融机构提供"风险预警与识别、家庭财产分割与继承、社会关系筛查、预防网络诈骗、信用评估"等反欺诈方面的服务；可实现公共数据的高效开发利用、高价值流通与资产变现；可实现公共数据从资源到资产的转变，以激活数据潜能，进一步释放数据价值；可推动数据要素与传统生产要素协同，促进数据多场景应用、多主体复用，培育基于数据要素的新产品和新服务，实现价值倍增，开辟数字经济增长新空间。

未来，石家庄市数据局将继续引领相关企业充分发挥在数据产品、技术、数据运营及服务等领域的优势，持续打造数据应用领域的创新能力，不断优化和完善产品和服务能力体系，为政府及关键行业数字化转型、提高数据价值提供更多行之有效、完整可靠的解决方案，帮助政府及关键行业客户加快数据资源建设、数据运营、数据资产化、数据交易流通，更好地发挥数据价值。

9.9 蚝保宝

"蚝保宝"是对程村蚝产业园大数据综合服务平台所采集的生蚝养殖场环境数据进行加工处理形成环境指标结果数据，以支持分析海上生蚝养殖场环境情况，辅助保险公司研发、设计精准、高性价比的指数型保险产品，解决生蚝养殖户购买保险定价难这个痛点的数据产品。对于水产养殖保险来说，"蚝保宝"不仅可以更准确地分析可能存在的风险因素，帮助保险公司更好地设计保险产品，还可以明确潜在风险的严重程度和可能的影响范围，引导养殖户提前采取防控措施。

遵循"原始数据不出域"的数据安全要求，对数据进行加密传输处理，采用 API 安全控制机制。"蚝保宝"通过了省数据产品合规审查，具有本地行业特色，兼具可在全省推广复制的亮点，可对阳江全市乃至全省养殖产业发展提供数据驱动支持。

"蚝保宝"在不同维度都产生了正向的效益。本产品不仅能够辅助推动海洋领域保险业务创新进程，探索出海洋经济发展思路，推动数字经济赋能实体产业发展，还能够为当地养殖户提供高性价比的保险服务，为当地生蚝养殖业健康发展提供支持，进而高效服务民生经济，助力"百千万工程"高质量发展。

9.10 盛融宝

为做好"五篇大文章"，贯彻"辽宁全面振兴新突破三年行动会议"精神，全面落地省委、省政府关于普惠金融、数字金融的相关要求，沈阳金融（信用）数据联合创新实验室发布首款数据产品"盛融宝"。这标志着沈阳市正式实现数据要素流转市场化，为沈阳建设东北数字第一城、全国数字名城的目标打下了坚实的基础。

"盛融宝"是在沈阳市数据局指导与监管下，结合金融领域需求，针对传统供应链金融普遍需要占用核心企业授信额度、核心企业确权难、小微企业获得信贷条件受限的痛点，在获得授权的情况下，基于核心企业产业链上下游企业经营数据，利用技术手段做到"原始数据不出域，数据可用不可见"的数据产品。该产品可通过征信公司向银行提供对小微企业的准入和授信，可有效解决小微企业融资难题，促进地方经济良性发展。

未来，沈阳金融（信用）数据联合创新实验室将携手生态合作伙伴，不断探索沈阳市公共数据与市场产业数据的融合应用机制，激发沈阳市数字经济的创新实践，加快实验成果转化和推广，促进信用产业集聚发展。

9.11 基于数据中台的数据资产建设实现数据要素价值

1. 案例背景

近年来，国家层面高度重视交通大数据的发展，出台了《推进综合交通运输大数据发展行动纲要（2020—2025年）》等政策文件，旨在通过大数据驱动交通运输治理体系和治理能力现代化。《交通强国建设纲要》提及，大数据是构建现代综合交通运输体系的重要手段，可以有效提升交通行业的发展水平和服务质量。

南京市交通集团是由南京市政府出资设立的市属大型国有独资集团公司，主要职能是承担南京市市域重大交通基础设施项目的投资、融资、建设和运营管理任务，为市域社会公众提供公共交通产品和服务保障。集团业务高速发展，建设了多个系统来支撑业务执行，但是由于各系统由不同厂商建设，形成业务数据孤岛与壁垒。因此，经过集团及信息化部门充分研究与论证，结合未来大数据应用的业务需求，计划建设以数据中台为底座的数据中心，解决不同业务场景下的数据问题，基于数据中台完成数据汇聚、治理、分析、共享等工作，以此孵化更多的数据应用场景，挖掘数据价值，提高生产经营效率。

2. 现状及问题分析

随着业务系统的增加，数据呈"爆炸式"增长，数据质量不高、数据标准不统一等问题凸显。数据孤岛导致数据无法融合关联、数据价值挖掘受限，无法为公司生产、管理决策提供支撑。同时，系统间的数据交互需求越来越频繁，不同部门之间也存在数据共享交换需求。对集团当前业务现状进行总结与分析，得出以下结论。

- 数据孤岛与壁垒。数据标准不统一、数据质量不高，影响数据在各个部门、业务之间的流转效率，数据共享与业务协同难以实现。
- 数据资产薄弱。当前数据分散在不同业务系统中，对全局数据的集成、治理、分析等工作难以开展，导致基于全域数据进行资产化的工作受阻，数据要素价值实现的根基不牢固。
- 数据共享交互困难。集团内部信息化系统间的数据交互需求越来越强，但在各系统间进行数据交互操作困难、效率不高且接口开发成本高，后期数据共享维护困难。

- **数据缺乏统一管理。** 从整个集团层面来看，缺乏一个统一的数据中心来实现数据的统一接入、治理、处理、管理及共享，这会导致上层数据应用孵化时面临平台能力不足的问题。

3. 解决方案

基于问题现状和建设需求，本项目将采用如下设计架构，包括数据源层、数据平台层、数据资产层、数据共享及数据报送层和数据应用层，后续可以逐步演进，如图 9-4 所示。

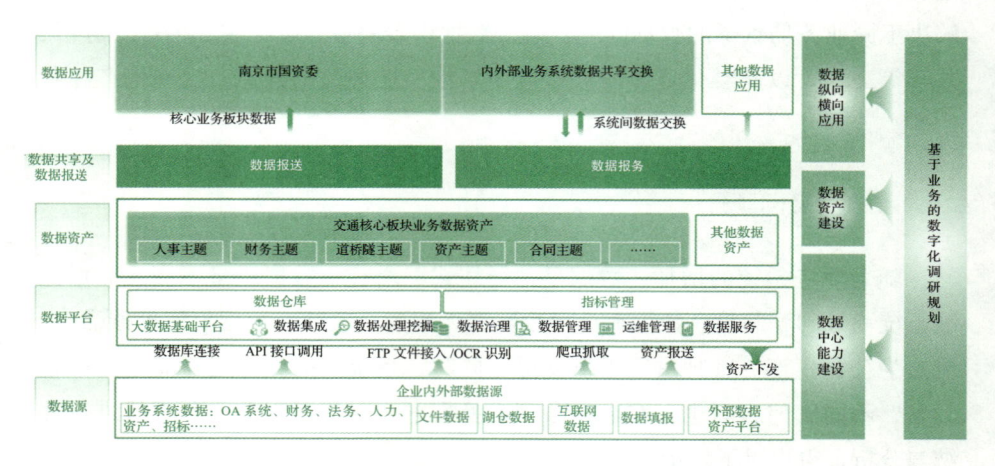

图 9-4　基于数据中台的数据资产建设架构

该架构的优势主要体现在以下几个方面。

- 立足当前建设需求，着眼于数字化建设未来长远规划。
- 平台建设采用松耦合理念，根据实际项目建设需求进行底层能力建设，避免无效成本投入。

该架构可满足各种数据应用场景，是"数据＋平台＋应用"理念的最佳实践。

- **数据源层**：数据源层具备实时数据与离线数据采集的能力，同时针对当前线下数据提供填报能力，具备常见的关系型数据及接口数据的接入能力，覆盖行业常见的数据类型。
- **数据平台层**：数据平台层提供数据集成、数据治理、数据处理挖掘、数据管理等能力，在此基础之上提供数据仓库与指标管理的综合能力，对数据报送涉及的指标计算与管理提供支撑，并为后续经营管理建设提供核心支持。
- **数据资产层**：数据资产层是企业盘点数据的基础保障，通过对数据资源的治理形成全域数据资产，例如人事主题、财务主题、道桥隧主题等，支撑数据流转和数据共享。
- **数据共享及数据报送层**：数据共享层用于满足交通集团内部的数据流转需求，可在不同业务系统、不同部门之间进行数据共享；数据报送是交通集团当前亟须完成的工作，目标是高效执行向国资监管部门上报数据的工作。
- **数据应用层**：数据应用是企业数据价值的最终体现，当前数据应用主要针对国资监管数据报送和内外部数据共享交换两个层面。

4. 建设成效

以下是对本项目成效的详细分析。

1）打破数据壁垒，具体如下。

- **促进部门协同**：通过建立跨部门、跨行业的数据共享机制，打破了"数据孤岛"，促进了各部门之间的协同工作。这种协同不仅提高了工作效率，还增强了各部门对数据资源的共享和利用能力。
- **提升数据流通性**：打破数据壁垒后，数据的流通性得到了显著提升。这让集团能够更加便捷地获取和整合所需的数据资源，从而加快决策速度。

2）数据资产建设，具体如下。

- 强化数据管理：随着数据资产的建设，集团开始重视数据管理体系的完善，包括数据采集、存储、处理和分析的全链条。这提高了数据的质量和可用性，为集团的决策提供了更加可靠的依据。
- 提升数据价值：在数据资产化的过程中，集团逐步意识到数据的价值，并将其视为一种重要的资产来进行管理和使用。数据资产建设能够更好地挖掘和利用数据中蕴含的信息，提升集团在市场上的竞争力。

3）数据共享，具体如下。

- 提高业务执行效率：通过数据共享提高业务执行的效率，减少信息重复采集和报送，优化核心业务流程。
- 强化战略制定支持：数据共享为战略制定提供了更加丰富和准确的依据。部门可以基于更全面的数据来制定和调整战略，提高战略的针对性和有效性。

4）对未来的价值，具体如下。

- 支撑数字经济发展：数据的充分运用推动了交通行业向数字化、智能化方向发展，促进了经济社会的高质量发展。
- 创新驱动发展：数据资源的充分利用将激发更多的创新应用和模式，推动新技术、新产业的发展，例如在低空经济、立体交通以及其他数据要素 × 场景中。

9.12 基于大数据平台的运营审计风控建设助力企业风险管理

1. 案例背景

南京钢铁股份有限公司是行业领先的高效率、全流程钢铁联合企业。公司拥有从矿石采选、炼焦、烧结、炼铁、炼钢到轧钢的完整生产工艺流程，公司所有工艺装备均已完成了大型化、现代化改造，具备年产千万吨级钢铁的综合生产能力。

公司存在数据处理能力弱、审计手段单一、缺少审计结果穿透、缺少风险预警等诸多问题，因此计划借助大数据审计能力来扩展风控领域，增加模型覆盖范围，实现智能化、可视化风控，赋能风控人员，提高审计风控覆盖面。

2. 现状及需求

对公司现状及相关需求分析如下。

- **打破数据隔离，实现跨部门数据获取**。公司业务系统有几十个，主要包括招采平台、ERP 系统、销售平台、检化验系统、计量系统、门禁系统等，数据分散且隔离，数据接入能力不足，跨系统数据接入困难，同时不支持 Word、PDF、图片等非结构化数据。因此，跨部门数据获取问题亟须解决。
- **强化数据分析，提升分析效率**。目前审计工作覆盖财务、库存、计量和原燃料等 11 个领域，审计数据量庞大，但现有数据处理能力不足，Oracle 架构扩展能力弱，查询分析速度慢，难以支撑审计业务开展。因此，需要通过大数据分析技术开展审计数据分析，强化分析效率。
- **构建审计模型，多样化审计风控手段**。当前风控人员只能通过编写 SQL 语句实现风控审计分析，方式单一且效果不明显；只能针对结构化数据开展分析，缺乏智能化、可视化分析手段，难以支撑复杂场景，难以发现所有审计疑点。公司要通过低代码开发平台，基于可视化算法构建审计风控模型，实现多样化的审计风控。
- **基于审计模型，实现灵活组合化分析**。目前公司已构建了大量风控模型，模型之间相互独立，未能实现模型之间的组合分析，所以不能发现更多的隐藏问题，模型可发挥的价值有限。本项目能够对审计风控模型进行灵活组合，根据业务关联，自由组合模型、指标，综合分析问题。

- **通过可视化穿透能力，实现可视化审计风控展示与预警**。当前，无法以大屏的方式展现风险情况，无法进行进一步穿透分析，无法为风险设置阈值进行实现告警，导致风险把控不直观、不及时。因此，公司要基于可视化工具，构建招采、原燃料、子公司预警板块，通过设置审计模型的阈值，实现自动预警功能，及时发现风险。

3. 解决方案

基于数据工程建设理念，本项目实现了咨询、落地、应用的全流程闭环。

- **咨询**：从业务出发，梳理企业业务流程及风险点，梳理集团审计相关制度及审计问题分类，将咨询成果线上化，明确业务目标。本项目新增67个审计风控模型，涵盖供应商管理、设备、铁区一体化、销售、采购一体化、工程、区块链、子公司8大领域。
- **落地**：无缝衔接咨询阶段成果（风险模型、审计模型等），借助数据引擎能力完成落地开发，并建设平台能力，包含基础功能、项目中心、数据中心、模型中心、服务中心、运维中心、风险地图、预警工单等。
- **应用**：基于落地的风险模型、审计模型，开展风险防控以及项目审计应用，主要依托审计风控模型得到结果，通过风险工单实现风险预警，并在风险地图中进行展示。

4. 建设成效

- **管理能力显著提升，稳固企业发展根基**。站在为企业战略服务的角度上，充分利用大数据、人工智能、云计算、区块链等信息化技术，开启决策智能化时代。实现内外部数据的智能收集，风险的智能评估，审计预警模型的实时跟踪，准确洞察各类风险，为决策提供有效支持，为南钢双限、"双减"、海外布局、多元化发展目标的准确制定与实施提供有力支撑。通过平台的建设，充分发挥风控审计的建设性和预防性作用，全面推进风控、内控、审计、合规转向价值增值型。充分利用"科技+AI"的手段，对公司各个风控审计环节进行迭代优化，深入开展精益化、数字化、智能化风险管理，全业务推进风控审计流程再造，提高风控效率，确保风控审计的全面性、及时性、精准性，助推公司快速健康可持续发展。

- 经济效益提升明显，助力企业创收增效。平台实现了风险数据的实时监测分析、提供预警反馈、督促整改的数智化风控审计方式，形成闭环管理，从而实现对公司经济运营活动的实时监测、动态预警、综合防卫，实时关注、预警异常数据，对确认存在问题的事项进行处置，促进公司健康安全运行，打造人机结合的风控"数字大脑"，为实现企业战略目标保驾护航。通过模型的跟踪，实现事前智能预判，知风险；事中刚性执行，控风险；事后纠错整改，降风险。

- 助力数字化转型，挺起江苏钢铁工业智能化脊梁。通过大数据技术手段，将务虚的评价标准转化为具体的数据模型，将概略判断转变为精准评价，结合智能化的风险应对方式和监督改进流程，有效应对公司风险的复杂性和不确定性，助力公司转型升级。站在为公司增加价值的高度思考风控体系发展，平台运用信息技术实现智能风控审计，成为企业经济运行的自我"免疫系统"与"防火墙"，保障企业"阳光、透明"的生态环境，促进企业文化的建设，为实现企业战略目标保驾护航。以此平台为基础，公司努力提升、不断完善，让本项目成为钢铁行业转型发展的数字风控审计最佳实践，为中国智能制造的风控审计体系建设树立标杆，挺起江苏钢铁工业智能化脊梁。

9.13　钟吾大数据集团数据资产质押融资与数据交易

1. 案例背景

近年来，随着一系列关键性基础法律政策的相继出台，数据资产的权利界定、合法合规使用及流通已具备坚实的法律基础与明确的政策导向。对于那些拥有丰富数据资源却缺乏充足有形资产的企业而言，传统融资模式往往难以充分满足其资金需求，因此，亟须推动融资业务模式的创新，使企业能够将其数据资源作为质押物，从而获取必要的资金支持，进而促进数据资产价值的最大化。

2024年1月1日起正式实施的《企业数据资源相关会计处理暂行规定》，不仅规范了企业数据资源的会计处理流程，还强化了相关会计信息的披露要求，为构建完善的数字经济治理体系提供了坚实的会计处理支撑。

值得关注的是，在2023年的实践探索中，江苏钟吾大数据发展集团有限公司（以下简称钟吾大数据集团）已成功实现了数据资产化的重要突破。具体而言，该公司于2023年7月31日，凭借"宿迁市宿城区企业近一年行政处罚可视化分析数据"的知识产权，成功从南京银行宿迁分行获得1000万元的质押融资；随后，在同年9月7日，该公司再次以"区域范围内社会法人失信惩戒情况分析数据"的知识产权为质押物，向江苏银行宿迁分行成功申请到1000万元的质押融资。这一系列成功案例标志着，将企业所拥有或控制的数据资源以知识产权形式进行确权，再以颁发的数据知识产权证书为质押物进行质押融资，可成为企业数据资产化的全新路径。

2. 数据资产化实践路径

在推动数据资产化的进程中，数据需经历从原始形态向可流通交易、计入财务报表乃至用于质押融资的数据资产的转变。在此过程中，各企业可能会依据自身独特的业务特点与具体需求，灵活选择并实施不同的策略。在整个实施过程中，明确界定数据的权属关系并确保数据的安全合规，是不可或缺的环节。在数据资产化的进程中，钟吾大数据集团通过多渠道深入挖掘数据潜在价值，最终走出了一条特色数据资产化之路。

钟吾大数据集团采用"三步走"策略明确数据资源权属界定流程。首先，依托钟吾大数据集团自建的数据资产管理平台，全面开展数据资源的梳理与盘点工作，构建标准化的数据治理体系，实施包括数据清洗、去噪、整合在内的系列操作，以确保数据的一致性和规范性。其次，在充分考虑数据应用场景及潜在用户需求的基础上，开发具有创新性和差异化的数据产品和服务，如数据分析报告、数据驱动的决策支持工具及数据API等，以满足市场多样化需求。最后，通过江苏省数据知识产权登记平台完成数据产品的登记工作。钟吾大数据集团于 2023 年 6 月 28 日成功获得首张数据知识产权确权证书，这标志着其数据权属确立路径是正确的。

钟吾大数据集团采用"四措并举"为数据资产筑牢安全防线。其一，钟吾大数据集团与中国人保财产保险宿迁市分公司缔结数据知识产权侵权损失保险合同，旨在为企业的合法数据资产提供全方位的保险保障，包括但不限于侵权损失赔偿、应急响应费用、数据恢复费用及维权成本等，有效抵御潜在风险。其二，与中国质量认证中心南京分中心合作，通过对多维度指标（包括数据准确性、完整性、一致性、时效性、可靠性、相关性等）的综合评估，获取数据资产质量评估报告及评价证书，确保数据资产的高品质与高效可用性。其三，依托专业律师团队，开展数据产品的合规性评估，以确立数据资产合法性地位，有效控制数据流通风险，维护企业合法权益，深化集团合规运营。其四，委托知名资产评估公司，采用综合成本法与收益现值法，科学评估数据资产价值，明确数据资产在评估基准日的市场价值，为数据资产的挂牌交易提供坚实的价值参考基础。

钟吾大数据集团"多渠道"推动数据资产化进程。钟吾大数据集团开创性地以数据知识产权证书为质押物，获得南京银行宿迁分行和江苏银行宿迁分行共计 2000 万元质押贷款，有效验证了企业数据资产化的实现路径。集团的首款数据产品于 2023 年 12 月 15 日在华东江苏大数据交易中心以 API 接口数据服务挂牌并拿到首张数据产品登记证书，首日即实现 8 万元的交易额。钟吾大数据集团作为全国首批实现数据资产入表的企业，自 2024 年 1 月起，所有已确权的数据资源均作为数据资产列示在资产负债表中，显化了数据资产的价值，完成宿迁市首单数据资产入表，该项目被选为全国数据资产入表优秀案例。

3. 案例展望

展望未来，随着技术的持续进步与市场的日益成熟，数据资产的应用与价值转化将呈现更加广泛而深入的态势。数据资产将成为推动企业创新与转型升级的重要驱动力，但是数据资产入表还是充满挑战的领域。江苏钟吾大数据集团开创性开展数据资产入表探索，并取得一系列成效和荣誉，成为行业尖兵。创新性开发数据要素，激活数据要素乘数效应，挖掘数据要素流通潜能，为高质量发展注入新动能，方兴未艾。

9.14 微言科技无质押数据资产增信贷款

1. 案件背景

随着大数据、云计算、人工智能、区块链等新一代信息技术的快速发展，数字经济的边界不断扩展，数据要素在企业信用评价中的作用日益凸显。一方面，以平台经济为代表的数字生态系统通过连接大量用户，积累了丰富的替代数据，这些数据成为银行信用风险评估的重要参考，为企业增信提供了新的机制和方法。另一方面，随着数据的积累、算法的迭代和算力的提升，数字经济平台和金融科技企业基于金融风控等场景构建的数据产品不断丰富，形成了规模庞大的数据资产。

2023年3月，深圳微言科技有限责任公司（以下简称微言科技）在深圳数据交易所成功上架数据交易标的，获得全国首笔无质押数据资产增信贷款额度1000万元。该授信审批由光大银行深圳分行负责，并顺利完成放款。

2. 数据资产化策略

（1）企业需求与项目目标

在当前的经济形势下，科创型中小企业通常面临融资难题，由于这些企业的轻资产特性往往传统的融资方式难以满足其需求。面对这一挑战，微言科技采取了一种创新的策略——"无质押"增信贷款。这种贷款模式不要求企业提供任何实物抵押品或数据资产的权利证明作为担保，而是完全依据企业的信用评级来决定金融机构的授信额度。

通过"无质押"增信贷款，银行和其他金融机构无须对企业的数据或其他相关资产进行直接质押，只须根据信用评估结果来决定是否发放贷款。这种方式不仅显著简化了融资流程，为科技型中小企业提供了一条更加便利的融资途径，还有效减轻了这些企业的资金负担，从而帮助它们更好地利用发展机遇实现稳定成长。该案例从理论上厘清了从数据资产到数据增信的发生机制。

（2）主要举措

交易流程主要包括两个环节：数据资产确权、审核与价值评估。深圳数据交易所（简称深数所）和第三方服务机构从数据安全合规评估、数据质量评估和数据资产价值评估3个方面对交易标的进行把关，确保数据资产的估值准确。信贷审批环节，光大银行总行数据资产管理部基于深数所数据商认证流程，以及上市产品与场内备案交易情况，协同深数所与第三方服务机构完成企业的数据资产质量评估和价值评估。光大银行深圳分行结合企业数据产品的上架登记和内外部估值情况，作出综合评估并完成对企业的授信审批。

微言科技必须确保其数据资产完全符合合规性和合法性要求。数据资产确权需交由第三方服务机构（公证机构、律师事务所等）完成，第三方服务机构会对微言科技的数据资产进行权属和合规审核，并出具相应的数据资产审核意见书。在数据权属方面，企业特别关注数据资产的授权链是否清晰可辨。对于外部采购的数据，要求提供明确的交易合同和完整的授权链证明。而对于企业内部产生的数据或自行收集的数据，则需要提供清晰的数据来源说明。此外，如果涉及个人数据，还必须有明确的个人授权证明。这些措施确保了数据资产的合规性和合法性，为企业的数据分析和应用提供了坚实的基础。

微言科技获取相关机构出具的数据资产审核意见书后，便选择将数据资产以数据产品的形式上市，深数所负责对申请上市的数据产品进行登记和审查，确保数据资产来源的合法性以及数据处理的合规性。这项审查是数据资产增信融资不可或缺的前提。大部分企业数据在采集和加工时难以避免涉及其他主体和个人信息，故这些数据均受到国家法律法规制约，不易流通。在这一背景下，律师事务所和专业律师的角色变得至关重要，他们须指导企业对数据资产进行必要的合规改造，以满足融资在法律标准方面的要求。在微言科技案例中，深数所对交易主体（即微言科技）和交易标的（即相关数据产品）进行双审核，最终完成数据产品权属确认和安全审核，并完成数据产品的平台公示和合规上市。

一旦数据资产完成了必要的合规性改造，企业便可以委托第三方资产评估机构对其数据的准确性、一致性、完整性、规范性、时效性和可访问性等进行全面评估。这份评估报告不仅可帮助企业更精确地理解其数据资产的经济价值，还有助于在数据资产提交至交易所等机构上市前进行进一步的优化和改进。

资产评估机构会根据应用场景、标准规范、资产权属等因素，通过预测数据产品未来的收益现金流，并应用适当的折现率将数据资产价值转换为现值，从而计算出数据资产的整体价值。在微言科技的案例中，光大银行总行数据资产管理部依据深数所的认证流程，与第三方权威机构合作，确保了微言科技的数据知识产权得到正确的确权登记，并对数据资产的质量和价值进行了专业评估。中国电子技术标准化研究院与相关单位共同构建的数据资产价值评估体系为此提供了理论和方法支持。

基于相应评估结果，光大银行深圳分行综合企业数据产品的上架登记情况和内外部估值，作出了通过微言科技授信审批的决定。

3. 案例意义

这个案例展示了信息增信机制在企业授信中的应用。与传统增信机制相比，信息增信机制下的融资模式（数据资产融资）更适合数据要素型企业，因为它允许企业在不影响数据确权的前提下进行数据登记。这意味着企业的数据资产面临的是确权问题，而非质押登记，从而减少了法律上的障碍。

此外，深数所正在积极培养以数据商和第三方服务商为主的交易市场。

这个市场已经聚集了一批能够开发高质量数据产品的数据商，以及能够提供数据安全合规评估、数据质量评估和数据资产价值评估的第三方服务机构。这些服务机构的参与为数据资产增信提供了良好的多方协作环境。深数所还通过其桥梁作用，将金融业务与数据交易业务连接起来，建立了与金融机构的双向互动机制。这推动了数据要素市场的培育、数据资产化创新以及中小企业融资的协同发展。此案例不仅为中国的数据资产化提供了一个可借鉴、可复制、可落地的模式，还为拥有优质数据资产的市场参与者持续释放数据要素价值提供了经济激励源动力，具有一定的示范效应。

交叉信息核心技术研究院常务副院长林常乐指出：这项工作开辟了一条可以进一步探索的应用道路，即基于数据资产的增信，将数据资产评估后入表，与企业其他资产共同进行评估授信。还可基于数据资产进行抵押融资。其中，数据资产的合理定价与验证、数据资产入表以及数据托管等问题将得到进一步的探索和实践。

9.15 南财"资讯通"数据资产入表融资

2024 年 2 月，南方财经全媒体集团（以下简称南财）的南财金融终端"资讯通"数据资产成功完成了入表流程。在此基础上，南财进一步推进，通过广州数据交易所的融资对接服务，成功获得了中国工商银行广东自由贸易试验区南沙分行提供的 500 万元授信额度。

1. 案例背景

中国人民银行在《金融科技发展规划（2022—2025 年）》中强调了数据要素的重要价值，并提出了不断扩展金融业数据要素的广度和深度的目标。该规划强调了建立多维度数据基础的重要性，并探索建立多元化的数据共享和权属判定机制，以提高数据要素资源的配置效率。作为数据密集型行业的金融业，对数据资产估值和交易的研究探索，将加速数据资产定价机制的创新模式发掘，并有助于推动数据要素市场的建设。

此外，《"数据要素 ×"三年行动计划（2024—2026年）》将金融列为大重点行业领域之一，这表明金融业将成为积极参与数据开发利用的主要行业。越来越多的省市宣布其区域内的企业在数据资产入表方面实现了"零"的突破，例如江苏、山东、天津、广东等地均有企业已经正式将数据资产计入财务报表，成为全国首批数据资产入表的企业。这些企业基于数据资源入表量化披露的数据资源投入和收益情况，吸引了商业银行探索新的金融服务场景，并创新数据资产衍生的金融产品和服务。中央财经大学中国互联网经济研究院副院长、中国市场学会副会长欧阳日辉在媒体上撰文指出，数据要素与金融业务的相互赋能，使得许多数据要素形成的资产和产品具备了金融属性。通过构建数据要素市场，可以提供针对数据要素的金融服务，从而为金融市场提供多样化的生态系统，持续激发"数据要素 × 金融服务"的价值。

2. 数据资产化策略

南财此次通过数据资产入表融资的操作，进一步将数据资源转化为具有明确经济价值的资产。这一过程涉及数据资产的确权、评估和入表，通过将这些数据资源以无形资产、存货或费用化处理的方式纳入企业资产负债表，从而确定其市场价值。

南财的"资讯通"数据资产主要包括丰富的金融资讯、市场分析和研究报告等。经过精心整理和评估，这些数据资产被整合成了具有市场价值的资产包。为了充分利用这些数据资产，南财对其"资讯通"数据产品进行了全面梳理，从数据资产的角度进行了重组，建立了数据中心，设立了数据管理委员会，制定了数据管理的规章制度，并完善了数据资产入表的信息化建设。此外，公司还完成了合规确权登记流程，具体步骤如下。

第一步是数据资产的确认。这是数据资产入表和流通交易的前期工作。根据《企业数据资源相关会计处理暂行规定》，数据资产可以分为无形资产或存货等类别。《数据资产确认工作指南》（DB33/T 1329—2023）中提到，资产初始确认的主要内容可作为确定数据资源范围的主要依据。南财依据这些规定，确认了"资讯通"数据资产，并将其整合成标准化、可交易的资产包。

第二步是数据资产的登记。南财将整合后的数据资产在广州数据交易所进行登记确权和挂牌上市。这一登记过程主要是形式上的确权，而通过入表程序对数据资产进行实质确权才是关键，上市的目的是便于投资者进行查询和交易。

第三步是数据资产的评估。南财在获得由广东省政务服务和数据管理局监制、广州数据交易所颁发的数据资产登记凭证后，通过专业评估机构对这些数据资产进行市场价值和潜在风险的评估。根据《数据资产评估指导意见》第十二条的规定，执行数据资产评估业务时，可以通过委托人或相关当事人提供的信息，或者通过自主收集的方式，来了解和关注被评估数据资产的基本信息，例如数据资产的信息属性、法律属性和价值属性等。评估过程通常涉及数据质量分析、价值预测和风险评估等多个环节。

第四步是数据资产入表。这意味着南财可以将数据资源确认为企业资产负债表中的"资产"项。在数据资产入表的关键阶段，律师事务所需提供一份法律意见书以确保数据资产化和资本化过程的合法性、合规性和安全性，从而确保数据的合规性。完成这一步后，南财在广州数据交易所的融资对接服务支持下，向中国工商银行广东自由贸易试验区南沙分行提交了500万元的授信申请，并在2024年2月29日成功获得了批准。

这一系列策划与执行不仅提升了南财的数据管理能力，也成功地将其数据资产转化为了实际的经济价值，标志着公司在数据资产化管理方面迈出了坚实的步伐。

3. 案例结果与展望

黄敏洁认为此次项目不仅体现了"资讯通"在公司内部的转型升级成功，也从外部确认了"资讯通"作为一个权属明确、价值显著的数据资产的重要性。这一成就标志着南财已经建立了涵盖数据资产"治理、合规、确权、定价、入表、金融化"的完整闭环能力，并与中国工商银行、广州数据交易所合作，探索出了一条有效的数据资产融资路径。从企业实际操作的角度来看，数据资产入表要求企业具备一定的数据管理能力，并需要投入相应的人力和财力。对于没有上市计划的中小企业来说，仅调整财务报表的赋能价值并不会使数据的价值直接显现，但将数据资产入表与融资环节相结合，对企业深入挖掘数据要素的价值、推动数据资产化管理具有重要的激励作用。

中央财经大学数字经济创新发展中心主任陈端指出，数据资产的入表融资授信可以促进数据资产价值的显性化，促使企业在机制体制、业务布局到产品开发等方面加大对数据资产开发的力度和协同度。借助金融市场的价值评估功能和风险定价功能，可以优化数据资源要素的配置，并催生出更多优质数据资产和数据挖掘方案。

9.16　神州数码大中型数据资产入表质押融资

2024年6月20日，神州数码（深圳）有限公司（以下简称神州数码）成功地将其金服云数据产品作为数据资产纳入企业财务报表，并因此获得了中国建设银行深圳分行的3000万元授信融资。

1. 案例背景

在国家提出"强化产业链供应链核心企业金融支持"的政策导向下，神州数码与金融机构联手，基于供应链产业场景进行创新探索，推出产业金融SaaS服务平台——"神州金服云"。在获得合作伙伴授权的基础上，结合合作伙伴与神州数码的交易记录及神州数码的授信模型，帮助合作伙伴从合作金融机构获取低息无抵押贷款。这不仅为合作伙伴提供了更充裕的资金以推动业务发展，也为金融机构降低了信用评估的成本，促使银行更愿意向中小企业发放贷款。神州金服云的应用场景与银行紧密结合，使其成为服务金融风控场景的数据产品。随着大数据、人工智能和物联网技术的飞速发展，数据作为新型生产要素的地位日益凸显，国家相继出台政策鼓励数据要素市场化配置。

神州数码积极响应政策号召，不断探索数据资产化的可行路径。此次数据资产入表融资，是神州数码在数据资产化领域迈出的坚实一步，也为更多企业实现数据资产入表及融资探索出新的路径，助力企业提升规模、优化决策、提高融资能力和信用评级，打造企业在数字时代的核心竞争力。

2. 数据资产化策略

神州数码在此次数据资产质押融资项目中采取了以下关键步骤。

第一步是对数据资产进行确权登记。任何要作为质押物的数据资产，都必须先完成权属的确认和登记。这一过程确保了数据资产具备作为贷款抵押品的合法地位。

第二步是对数据资产进行价值评估。银行在审核数据资产质押项目时，会特别关注数据的合法性、价值评估的准确性及其价值的稳定性。由于当前数据资产估值体系尚未完善，加上信息不对称，银行有时会借鉴供应链金融中应收账款融资的评估模式来对数据资产进行估值。

第三步是银行进行审核与贷款发放。银行会对数据资产质押项目进行细致审查，核实数据的合法性和价值评估的可靠性。审核通过后，与借款方签订数据资产质押融资合同，明确权利和义务。合同签订后，银行会根据约定向借款方发放贷款。

在推进数据资产入表的过程中，面临的主要挑战包括如下几个。

- 对相关法规的解读与执行，特别是在数据治理和资产评估方面。
- 神州数码的业务复杂多变，数据分散，数据质量存在不均一现象，这对于其他希望进行数据资产入表的企业来说，也是一大挑战。
- 市场缺乏统一的标准，使得企业在选择合适的估值方法时会遇到困难。
- 从庞大的企业数据中筛选出具有市场价值的数据，并保证数据安全且满足内外交易的需求，也是不容忽视的挑战。
- 数据资产化意味着从内部使用转向对外服务交易，在此过程中需要建立完善的系统来保障数据安全，避免重要信息的丢失或被盗。

神州数码选择之所以将其众多数据产品中的"神州金服云"进行资产化，是因为它作为一个与金融机构密切相关的金融风控数据产品，市场价值更易被认可。在数据资产估值方面，数据交易所能提供数据资产的登记认证和价值评估支持，而专业的"数商"则帮助企业顺利完成相关流程。深圳数据交易所与神州数码达成战略合作，先行先试数据资产入表工作，对神州数码现有数据资源进行整理，确定将"神州数码金服云"数据产品列入首批入表项目。在深圳数据交易所的指导下，神州数码完成了数据商认证及数据产品的上市准备工作。通过在数据交易所登记备案的第三方数据治理、数据安全合规评估、资产评估等专业流程，神州数码准确计量了数据资产的价值，最终将"神州数码金服云"数据产品列入会计科目"无形资产－数据资源"，并据此向银行和其他金融机构申请贷款融资。

3. 结果与展望

在多方协作下，神州数码成功地将"神州数码金服云"数据产品作为数据资产，纳入其企业财务报表，并由此获得了授信融资。这不仅是深圳数据资产质押融资的首个成功案例，也标志着神州数码在数据资产化和数据价值化方面迈出了重要的一步，为整个行业树立了新的标杆。这一成就预计将激励更多企业挖掘数据资产的潜力。

这个"入表＋融资"的成功案例建立了一个可以复制和推广的数据资产入表融资解决方案。该解决方案涵盖了数据产品从规划到实施的全过程，为其他企业提供了一条有效的路径和方法。神州数码企业云业务集团数云融合本部总经理肖凯指出，神州数码已经形成了一套完整、标准的数据资产化步骤和方法论，包括数据资产的盘点、数据产品的规划、数据资产的入表以及资产入表后的融资渠道开发和对外交易。这些经验和方法能够为市场提供一套覆盖全流程的解决方案。例如，精确的数据产品规划确保产品设计符合市场需求；严格的数据治理机制通过数据清洗和标准化流程保证数据的准确性和合规性；创新的数据产品打造利用先进算法挖掘数据的深层价值，增强数据产品的市场竞争力；与金融机构的深度合作可以开发多元化的融资渠道，解决企业融资难题。

中国政法大学资本金融研究院教授武长海表示：数据资源通常是一种流动性资源，难以简单评估其价值。但是，通过数据交易所的交易场景，可以有效评估企业数据资源的价值，从而便于企业进行数据资产"入表"及投融资活动。神州数码未来将继续探索企业内部数据的价值，寻找更多可以产品化的数据资产，并利用数据交易平台获取更丰富的外部数据来完善自身的数据资产和产品。公司还计划推出更多与数据资产相关的标准化产品方案，进一步深化在这一领域的布局。

9.17 姜堰区企业用水行为分析数据集数据资产入表

1. 案例背景

2024 年 6 月，受泰州市姜城水务有限责任公司（以下简称姜城水务）委托，泰州市大数据发展有限公司联合北京盈科（泰州）律师事务所、青岛数据资产登记评价中心等专业机构开展对姜堰区企业用水行为分析数据集数据资产入表工作。

2. 案例策略

姜堰区企业用水行为分析数据集数据资产入表的策略分 6 个步骤来实施。

第一步是围绕姜城水务的数据资源现状、数据资源管理范围、数据资源合规及风控、数据资源治理、数据资源应用、数据资源价值管理、数据产品与数据资产的可能方向及数据资源相关战略规划，来判断姜城水务是否具备实施数据资产化的基础、可能存在的关键问题、实施可行性及实施后可能达成的效果等。特别是数据资源的权属和数据资源的安全级别，更是第一步工作的重中之重。

第二步是数据合规与确权。北京盈科（泰州）律师事务所与泰州市大数据发展有限公司经过多轮材料收集与交流沟通后，决定从以下几个方面进行姜城水务数据资源的合规与确权处理：对入表数据资产主体进行合规评估、对数据资产入表主体安全和技术保护能力进行合规评估、对入表数据产品来源进行合规评估、对数据产品流通的合法性进行评估。

第三步是数据资产登记。姜城水务的数据资源在泰州市大数据发展有限公司旗下的数据资产登记平台进行了登记和发证。平台从数据资产本体、资产权属、登记主体等多角度全方位登记数据资产信息，对提交的合规材料进行了尽职审核，并提供可溯源、防篡改的链上登记服务，形成唯一的数据资产身份编码——"凤城链"。

第四步是数据资产价值评价。青岛数据资产登记评价中心从完整性、唯一性、有效性、一致性和准确性等维度为姜城水务的数据资源打出了96.2分，并对应用场景从如下角度做出了分析。

- 智能化水资源调度与管理。
- 预防性维护与故障预警。
- 定制化营销与增值服务。
- 企业信用评估与金融服务。

第五步是财务入账。在江苏经纬会计师事务所有限公司的专业指导下，姜城水务的财务经理严格按照《企业数据资源相关会计处理暂行规定》，以成本归集法将1800个企业用水行为分析数据计入"无形资产–数据资产"科目。

第六步是数据资产评估。江苏金永恒房地产资产评估有限公司在充分了解项目背景的基础上，采用成本法评估"姜堰区企业用水行为分析数据集"数据资产价值为805万元。

3. 案例成果与展望

泰州市大数据发展有限公司以姜城水务的供水和收费数据为基础，经过多轮研讨和现场调研，严格规范完成数据资产认定、数据合规与安全风险评估、登记确权、数据资产价值评价、数据应用场景发掘、成本归集与分摊、数据资产评估等环节，将 1800 个企业用水行为分析数据集按成本法计入"无形资产 - 数据资产"科目，最终实现了数据资产入表。

此次数据资产入表，姜城水务对数据资源进行了梳理和盘点，摸清了数据家底；通过对数据资源分类和定级保障了数据合规安全；开展了数据资源属性梳理、质量治理和安全治理，提升了数据资产价值。经过后续一系列的合规评估和确权登记、数据资产质量评价、成本归集和分摊，实现了数据资产价值评估，按期完成了数据资产化的各项进程。

下一步，泰州市大数据发展有限公司将协助姜城水务不断拓展数据资产应用场景，通过数据共享、数据交易等方式，实现数据资产的增值和效益最大化，探索数据资本化路径，充分实现数据要素价值，助力企业高质量发展。

9.18　百望数据资产化实践探索

1. 案例背景

某信息科技公司（以下简称"该公司"）是一家专注于为餐饮行业提供全方位数字化解决方案的领军企业，可为餐饮企业提供一系列数字化管理解决方案，产品涵盖连锁企业核心业务链条的各个方面，覆盖超过 50% 的中国连锁百强企业，其数字化系统品牌已广泛应用于全国 300 多个城市和地区，支持近 20 万家连锁餐饮门店的正常运转，服务超过 2 亿顾客。

随着数字经济的快速发展，餐饮行业的竞争日益激烈，企业必须不断提升数字化能力，以适应市场需求的变化。传统的供应链管理模式因响应速度慢、透明度低、数据孤立等问题，已经难以满足现代餐饮企业对高效运营、精准管理和实时数据分析的需求。此外，行业内企业普遍面临数据孤岛现象，信息在供应链各环节间难以共享和协同，导致运营效率低下、决策支持不足，这进一步加剧了企业的管理成本和市场风险。该公司认识到，仅依靠数字化工具已经不足以应对这些问题，企业必须通过数据资产化提升核心竞争力，开辟新的增长路径。

2. 数据资产化策略

该公司通过自主研发的餐饮供应链管理系统，积累了丰富且多样化的数据。这些数据涵盖了供应链管理的各个核心环节，形成了一个庞大且复杂的数据生态系统。这个数据生态系统中的数据包括如下几种。

- 供应商管理数据：包括供应商基本信息、历史合作记录、供应商评级与评估数据、合同及报价记录、交货准时率、质量投诉和纠正措施记录等。这些数据为企业选择和管理供应商提供了全面的决策支持，能够帮助企业优化供应商关系、降低采购风险，并通过历史数据分析预测未来的供应链需求。

- 采购管理数据：涵盖从采购申请到订单执行的全流程数据，包括采购订单、采购入库单、退货单、采购价格波动记录、供应商报价比较、采购计划与预算数据等。这些数据对企业的采购决策具有重要参考价值，能够优化采购成本、提高采购效率，并通过与市场行情的对比分析，为企业提供及时的采购策略调整建议。

- 仓储管理数据：包括库存数据、出入库记录、库存盘点数据、存货预警数据、存货周转率、仓库利用率、库位管理数据等。这些数据不仅能够为企业的精确库存管理提供了支持，还能够通过库存优化模型降低存货成本，提高资金周转效率。此外，实时的库存监控和预警功能，能够帮助企业及时响应市场需求变化，减少因库存不足或积压造成的损失。

- 配送管理数据：涵盖物流配送过程中的各类数据，包括配送计划、物流跟踪信息、配送成本分析、配送准时率、客户签收数据、退货处理数据等。这些数据为企业的物流管理提供了全面支持，能够优化物流路径、降低配送成本，并通过实时的物流跟踪信息提高客户满意度。此外，配送管理数据还能为管理企业的物流合作伙伴提供重要依据，有助于提升整体供应链的效率和协同能力。

- **加工管理数据**：涉及生产加工环节的各类数据，包括生产计划、原材料使用记录、加工工艺数据、生产效率分析、成品入库数据、质量控制数据、废品率统计数据等。这些数据是企业优化生产流程、提高生产效率和质量控制水平的重要基础。通过对这类数据进行分析能够优化生产工艺、降低生产成本。通过对这类数据的全面跟踪和分析，能够提高生产过程的可控性和透明度。

该公司积累的庞大供应链数据，不仅在日常运营中发挥了关键作用，还为企业未来的战略发展提供了广阔的前景。如果能够成功将这些数据资源转化为资产，并通过市场化运作实现资本增值，将为其带来多方面的深远影响。

3. 案例成果

本次数据资产化项目为该企业带来了显著的成果：成功将餐饮供应链数据资产在数据交易所登记，使其数据资产具备了合法合规的资质；通过数据资产的质押融资操作，该企业成功获得了银行融资支持，满足了企业发展的资金需求，并实现了数据资产的资本增值；通过系统化的数据资产管理，数据价值不断提升，进一步增强了企业在数据资本市场中的竞争力；确保了数据资产的长期增值，为企业在数字经济时代的持续发展奠定了坚实的基础。通过对数据资源常态化的运营管理，企业在未来能够持续挖掘和释放数据资产的商业潜力。

9.19 数据资产（产品）融资授信案例

为深入贯彻落实党中央、国务院以及省委、省政府"关于解决中小微企业融资难、融资贵问题"的要求，在光大银行数据资产管理部的支持下，光大银行贵阳分行与贵阳大数据交易所联合推出全国首个数据资产融贷产品——"贵数贷"的1.0版，旨在激活数据要素潜能，突破数据价值评估难点，解决数据商无抵质押物的痛点，开启数据资产融资"新航线"。

"贵数贷"产品依托于"贵阳市政策性信用贷款风险补偿资金池"的贷款风险分担机制，围绕数据商企业在贵阳大数据交易所挂牌可交易的数据产品，向数据资产拥有方提供融资服务，并对在算力、算法方面具有优势的企业提供"一户一策"融资服务。

"贵数贷"产品基于数据商企业在贵阳大数据交易所上架的数据产品和交易情况，通过数据产品交易价格计算器对企业数据资产内容进行评估核算，同时结合中国光大银行相关授信要求，对数据拥有企业、大数据经营服务企业进行综合授信评价，给予与其经营特点相匹配的授信额度，缓解数据商企业融资难、融资贵、融资慢等问题。

以光大银行贵阳分行授信企业贵阳移动金融发展有限公司为例。该公司是一家立足数据要素安全流通领域的数据服务商，同时也是贵阳大数据交易所的数据商。公司通过场景应用获得多端数据，这些数据经脱敏及要素化治理后形成标准可交易的数据增信评估模型，为场景客户提供数据增信服务，实现数据增值并最终形成数据资产，如图9-5所示。

此次授信，企业将自身的数据产品挂牌到贵阳大数据交易所平台，并申请获得"数据要素登记凭证"。由贵阳大数据交易所入驻的第三方，律师事务所对挂牌的数据产品标的进行审核、评估并出具法律风险评估意见书。同时通过贵阳大数据交易所的全国首个"数据产品交易价格计算器"进行对数据资产进行评估核算，最终评估出相关结果值。光大银行总行数据资产管理部则基于贵阳大数据交易所的数据商认证流程，结合光大银行自主研发的数据资产价值评估模型对授信企业数据资产价值进行评估，并与贵阳大数据交易所的评估结果进行对比验证。光大银行贵阳分行根据数据资产登记、内外部价值评估及合规评估结果，结合企业整体情况及数据资产授信融资模型计算出的建议授信额度，对数据资产进行综合研判审批，完成对企业的融资授信。

第 9 章 25 个数据资产化实践案例

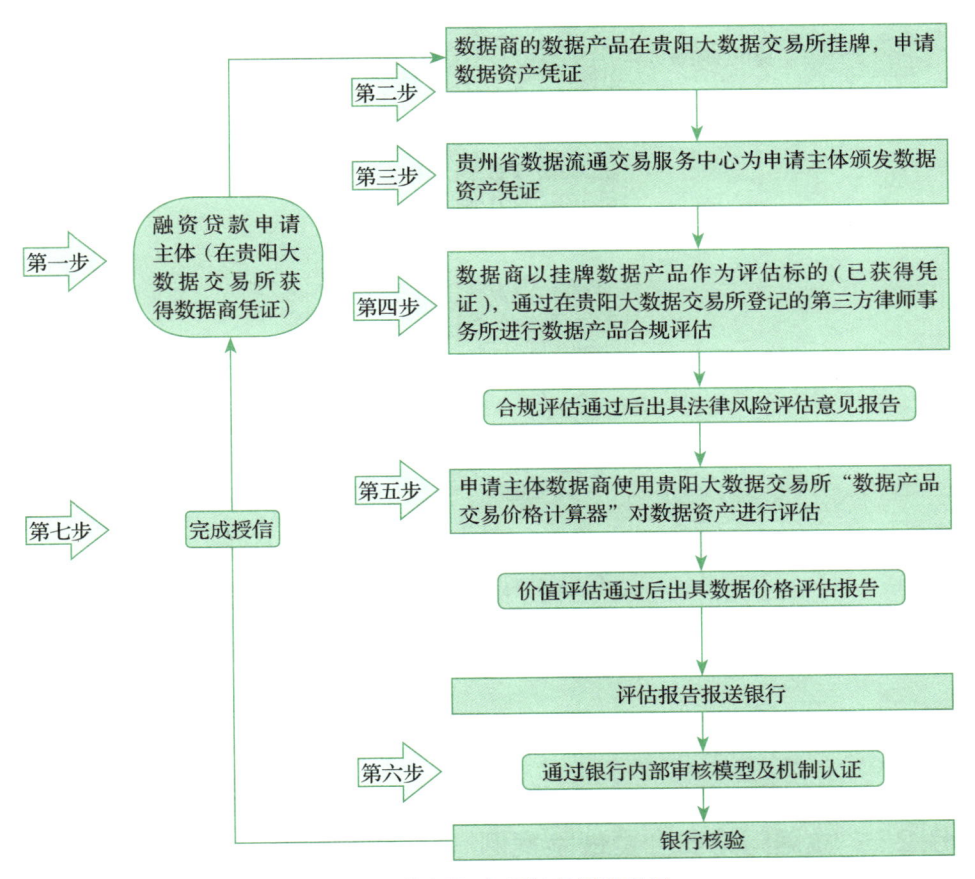

```
第一步 → 融资贷款申请主体（在贵阳大数据交易所获得数据商凭证）
         ↓
  第二步 → 数据商的数据产品在贵阳大数据交易所挂牌，申请数据资产凭证
         ↓
  第三步 → 贵州省数据流通交易服务中心为申请主体颁发数据资产凭证
         ↓
  第四步 → 数据商以挂牌数据产品作为评估标的（已获得凭证），通过在贵阳大数据交易所登记的第三方律师事务所进行数据产品合规评估
         ↓
         合规评估通过后出具法律风险评估意见报告
         ↓
  第五步 → 申请主体数据商使用贵阳大数据交易所"数据产品交易价格计算器"对数据资产进行评估
         ↓
         价值评估通过后出具数据价格评估报告
         ↓
         评估报告报送银行
         ↓
  第六步 → 通过银行内部审核模型及机制认证
         ↓
         银行核验
第七步 ← 完成授信
```

图 9-5　数据资产融资案例流程图

9.20　数据交易险案例

贵阳大数据交易所与平安产险贵州分公司在突破传统险种开发模式上，充分运用全国首个"数据产品交易价格计算器"，为在贵阳大数据交易所平台挂牌的数据产品提供评估依据，形成覆盖数据交易全流程链路的保障模式，为投保、核保、理赔等环节提供价值参考，如图 9-6 所示。数据交易险在提高数据安全治理能力的基础上，为数据产品场内交易提供增信保障，推动数据资产价值延伸。

189

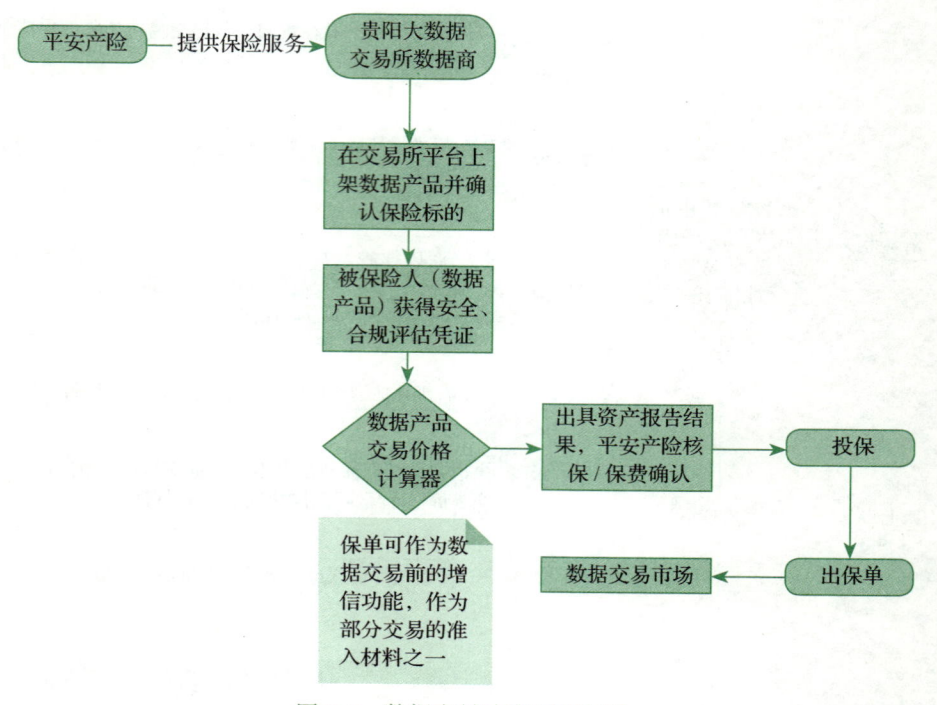

图 9-6　数据交易险案例流程图

9.21　数据网络安全责任险案例

贵阳大数据交易所与中国大地财产保险股份有限公司贵州分公司在"网络安全险"的基础上，对数据安全场景进行攻关，分设营业中断损失网络勒索损失、数据恢复费用、数据/信息泄露通知费用、检测/鉴定费用和法律费用6项，提供保前、保中、保后全流程保障服务，如图9-7所示。

该案例执行流程：首先，进行安全保障前置化，在承保企业数据产品前提供数据网络安全评估，帮助企业更好地了解自身风险状况；其次，用针对性的安全防护＋区块链应用促进安全保障服务高效执行，降低事件发生的概率；最后，在事故发生后启动应急响应及恢复工作，实现快速保险理赔。

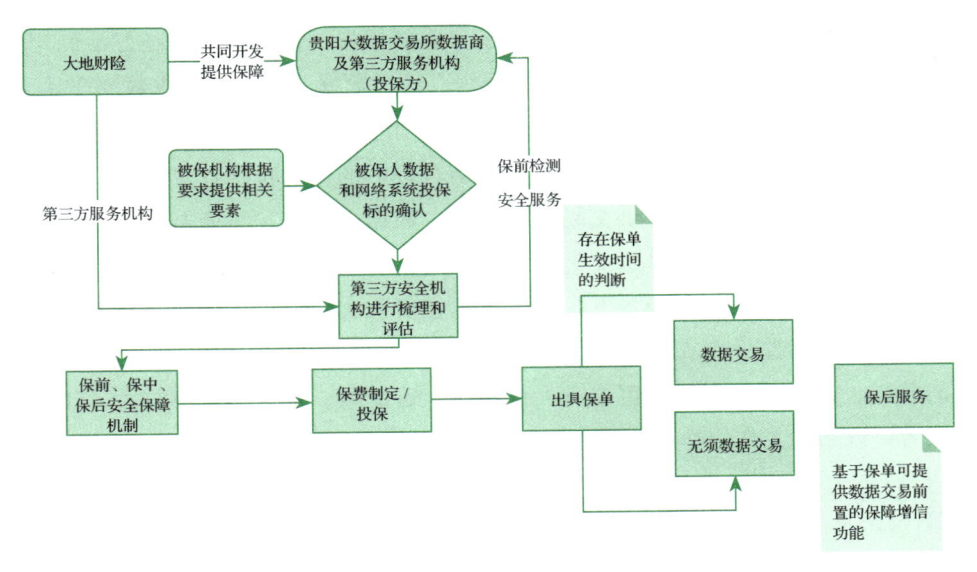

图 9-7 数据网络安全责任险流程图

9.22 贵州勘设科技公司数据资产入表

贵阳大数据交易所牵头第三方服务机构，对贵州勘设科技公司的数据资源进行摸底了解，从收集、校核、清洗、筛选、大模型数据驯化等多个维度对数据进行治理，最终形成高质量的数据资源。对符合资产定义的数据资源的相关处理环节进行成本归集分析，最终确定可入表的数据资源。此外，该公司还组织法律、技术、安全、行业应用等领域的专家对数据资源进行论证评估，完成了数据资源入表关键节点工作，在确认了交易主体准入资质、数据用途合法性及使用限制合规性后，将污水处理厂仿真 AI 模型运行数据集、供水厂仿真 AI 模型运行数据集作为资产执行入表操作，并在贵阳大数据交易所挂牌上市。

9.23 个人数据信托案例

2023 年 4 月，贵阳大数据交易所联合好活（贵州）网络科技有限公司（简称好活）针对灵活用工就业服务场景，探索个人简历数据流通交易全新商业模式。在该项目中，在个人用户知情且明确授权的情况下，委托好活利用数字化、隐私计算等技术采集求职者的个人简历数据，加工处理成数据产品，确保用户数据可用不可见，保障个人隐私，如图9-8所示，并通过贵阳大数据交易所"数据产品交易价格计算器"结合好活的简历价格计算模型和应用场景，对个人简历数据提供交易估价参考。数据中介机构贵州吾道律师事务所针对该款数据产品出具法律意见书，好活在贵阳大数据交易所上架该个人数据产品，在就业服务场景下，用工单位在贵阳大数据交易所平台购买个人简历数据。最终，个人用户通过平台获得其个人简历数据产品交易所得收益的分成，让个人数据实现可持有、可使用、可流通、可交易、可收益，让求职者可以边找工作边挣钱。

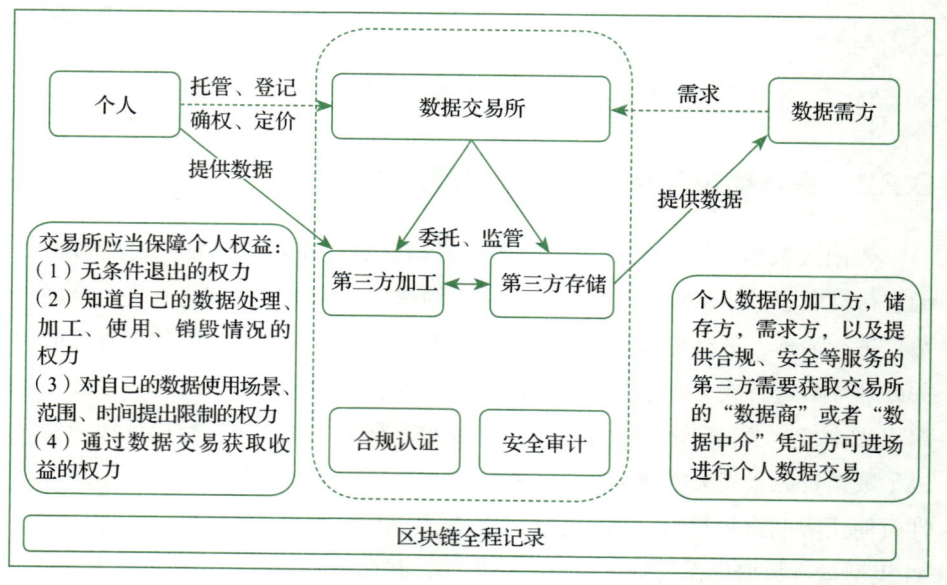

图 9-8　个人信息托管流程

　　基于个人简历数据合规流转场内交易实践经验，2023年12月27日，在数据资产价值共创主题论坛上，贵阳大数据交易所联合贵州财经大学、光大银行贵阳市分行、好活、中国电信集团数据发展中心、深圳市北鹏前沿科技法律研究院启动个人数据资产合规流转计划，引导个人数据进入数据交易所进行信息托管，这一方面打击了违法个人数据交易，由交易所提供数据安全、隐私保护等措施；另一方面保障了个人知情、无条件退出、数据掌控、从数据交易中获取收益的权力。

9.24 海新域城市更新集团数据资产入表

作为国民经济发展的中坚力量，国有企业在数字化浪潮中扮演着排头兵的重要角色。海新域城市更新集团（以下简称海新域）作为北京市海淀国有资产投资集团有限公司一级监管企业，计划设立二级公司——数据资产运营管理公司，专门负责海国投及其下属企业的数据资产的运营与管理。具备条件之后，进行模式输出，成为国投、城投类企业数据资产管理的排头兵。计划出台一系列的数据资产管理与运营的制度和配套以提供组织保障，计划搭建专业的数据资产管理平台。

海新域首先在北京国际大数据交易所完成"智慧园区能源能耗数据集"和"智慧园区停车统筹数据集"的登记，这两个数据集有明确的业务场景，并做了相关业务场景下的盈利模型搭建和预期的收益测算。这两个数据集都围绕智慧园区多年来沉淀的数据，海新域针对它们开展了入表工作。对这两个数据集的历史取得成本，聘请信永中和会计师事务所的专项审计团队开展了专项审计工作，并提供数据资产入表的会计处理专业建议。最终，顺利完成了101万的数据资产入表工作。

北京中企华大数据科技有限公司（以下简称中企华大数据）作为战略合作伙伴参与了本次数据资产入表的资产评估工作。基于这两个数据集的历史取得成本的专项审计成果和这两个数据集的预期盈利模型的分析与测算，分别采用了成本法和收益法开展资产评估工作。这两个数据集的数据资产估值为2288万元。

考虑到这两个数据集未来会被银行、保险等机构购买，具体的交易过程将在北京国际大数据交易所进行，交易价格将会基于这两个数据集的估值、交易频次、使用方式等多个因素经甲乙双方磋商或者竞价形成。

9.25 某科技制造企业数据合规专项服务

某科技制造企业主营业务为无人机产品的设计、制造和销售，根据其行业特征，某数据服务商要为其提供专项数据合规服务。该企业的产品涉及全球销售，购买产品时其用户需要登录产品应用平台完成注册。因为各国对无人机产品的使用区域、高度、注册等有不同要求，所以要收集的信息较多。产品应用平台不仅会收集大量的用户信息，后期还会收集产品云平台上用户使用无人机时获取的照片或视频素材，而照片或视频素材又可能因为涉及用户自己调整、设置或修改无人机参数后在管控区域飞行获取的敏感信息。故需要对产品云平台进行分类，设置不同法域的使用规则。同时需要根据注册用户所在地不同，对用户隐私和用户使用规则做不同的披露和提示。

该企业需要设立全球隐私保护合规方案。为此，数据服务商提供专项数据合规服务，包括但不限于数据分类及评估、合规体系搭建和完善、数据应用内部流程梳理、合规制度和文件的制定和修改等。

第10章
对数据资产化的建议和展望

我国数据要素发展处于活跃探索期,突破方向不断显现。比如,各地纷纷成立数据局、大数据集团,从多个角度积极布局数据要素发展,各市场主体积极卡位,寻找在数据要素发展中的定位和角色,挖掘新的业务增长点。

未来一段时间,公共数据授权运营将进入大规模落地探索阶段,授权运营的制度、平台、标准等将不断完善,高价值公共数据的高质量供给有望在数据要素市场中率先"突出重围"。各大企业有望结合自身数据资源、数据能力等各方面的优势进行有机联系,形成数据要素生态体系,带动市场各参与主体有序运转,形成"飞轮效应"。

在这样的背景之下,如何提供有效手段,帮助数据拥有方规避合规风险、打消数据拥有方"有数不敢供,供数怕担责"的合规顾虑,实现数据"供得出、流得动、用得好、保安全",将成为一个亟待解决的重要命题。本章将对此进行专项探讨。

10.1　政府侧针对性建议

1. 明确责权利，完善政策法规，有效推进管理

所谓"兵马未动、粮草先行"，政府部门应加强监管，制定相关法规，明确数据资产化市场的规范和流程，保障市场秩序和数据安全，包括制定或进一步完善数据产权、数据交易、数据隐私等方面的法律法规，为数据资产化市场提供法律保障。

譬如在规范和流程环节，可在现有法规的基础上对建立分类分级标准体系提供指导，如制定统一的数据分类和分级标准，这有助于提升数据质量和可信度，满足不同行业和领域的需求。这方面的内容可以包括数据类型、数据来源、数据格式等方面的标准，以方便数据供给侧和需求侧有效对接。另外，在数据资产管理的过程中，可指导企业合理引进 AI、云计算、大模型等创新技术，进一步提升数据资产管理的智能化、自动化水平。可以基于数据集和使用场景进行分类分级，通过内置重要数据识别规则与智能算法，叠加利用翻译、大模型等多种智能技术，降低数据资产管理的人力投入与风险成本。

2. 做好数据资产的清查工作

采取各单位全面自查、数据部门核查、审计部门抽查、纪委监委督查相结合的方式，推进数据资源类国有资产清仓见底。清查内容包括行政事业单位、国有企业在公共服务和生产经营过程中收集、加工或因之产生的各类有效数据资源。

- 摸排在公共服务和生产经营过程中建设的系统的信息，主要包括系统名称、应用范围、基本功能、网络类型、部署方式（系统使用的云资源环境）、部署规模（系统使用的云资源总量）等。
- 摸排系统中存储的各类有效数据资源，数据资源分为结构化和非结构化两类。要摸排的信息包括数据存储量、数据增量、更新周期、数据库表明细等，重点核查有效数据资源是否在公共数据平台已被全量编

制数据资源目录，核查有效数据资源是否应归尽归。
- 摸排预期具有管理服务潜力或能够带来经济利益流入的可盘活数据资源的信息，主要包括数据资源名称、当前应用场景、可盘活的应用领域及场景等。

3. 培育多元化的数据生态

数据运营是持续创造数据价值的有效方式，政府应引导企业构建多元化的数据生态，即通过引入多维度数据、多类参与方、多种产品形态，进一步拓展数据应用场景和数据合作方式。政府还应建立或完善数据共享机制，促进数据要素之间的交流和合作，为数据多元化提供可能，加强数据生态的建设，推动市场的发展。可以通过建立数据开放平台、数据交易所等机构，促进数据资源的高效利用和价值挖掘。

政府还应支持科研机构和企业开展数据要素研究，推动数据技术和应用的创新，丰富数据资产化产品和服务。这包括支持数据挖掘、数据分析、数据可视化等领域的研究，以提升数据要素市场供给能力。

10.2　企业侧针对性建议

1. 培养专业型人才

企业应加强数据要素相关人才的培训和引进工作，提高从业人员的专业水平和素质，推动市场的健康发展。有条件的企业可以通过设立专业培训课程、建立人才培养基地等方式，培养数据要素市场的专业型人才。尤其是现有数据资源能够产生管理服务潜力或带来经济利益流入且可盘活、可利用，数据资源种类、规模都达到一定程度的国有企业，应先行先试。

2. 激发数据要素市场持续活力

企业应作为市场主体应积极参与数据要素市场的合作和竞争，积极参与市场活动，激发市场的活力和创造力。大型企业可以推动建立行业协会、举办行业交流活动等，加强市场主体之间的互动和合作。

企业和创业者应积极开发数据要素的创新应用，推动新业态和商业模式的出现，促进市场的繁荣。可以通过设立创新基金、举办创新大赛等方式，激发市场主体的创新动力。

企业或相关机构在实际应用中应主动尝试数据资产化，落地应用场景，提升市场对自身数据资产的认可度。可以通过建立试点项目、推广典型案例等方式，促进数据资产的实际应用。

10.3　对未来研究的展望

当前，在 AI、大数据、物联网等新一轮科学技术的加持下，产业变革深入发展，而数据作为其中的关键要素，赋能经济发展的要求迫在眉睫。只有让数据要素和各类资源充分融合、流动，经济才能活跃起来，新质生产力才能源源不断涌现。因此，对数据要素化、资产化的研究应从如下几个方向展开。

- **推进数据标准化基础体系建设**。建立全国统一的数据格式、接口，以及包括存储在内的软硬件通用标准，完善数据登记、数据交易、数据共享、数据服务等环节的通用规范，提升数据供给质量，形成更加完整贯通的数据链。
- **推进数据市场流动和共享**。完善数据产权登记制度，出台数据资产登记管理办法，建立互联互通的数据产权登记平台，完善数据定价体系和数据资产市场运营体系，构建多级市场规则，确保数据可流动、可使用。
- **创新数据融合开发利用机制**。推动"数据要素 × 应用领域"的创新、开发机制，在金融、交通、医疗、智能制造、商贸流通等重点领域，加强场景需求牵引，推动数据要素与其他要素结合，催生新产业、新业态、新模式、新应用、新治理，促进我国数据基础资源优势转化为经济发展新优势，推动数据在不同场景中发挥乘数效应。